新妈妈
省钱养出金宝宝

xinmama shengqian
yangchu jinbaobao

李小宝/著

浙江少年儿童出版社

目录
CONTENTS

序言　当孩子来敲门　1

第一章

做妈妈,你准备好了吗?　1

什么时候可以打算要孩子　3

工作 or 辞职——新妈妈的抉择　9

清楚当前的家庭财政情况　13

"爸爸,我和宝宝都挺你"　16

对症下药——制订宝贝计划　23

做好预算——不要做糊涂妈妈　26

新妈妈必练"节钱道" 29

大刀阔斧改"内政" 31

精打细算缩"外交" 36

从"卡奴"到"卡主" 43

为了宝宝"拼"一回 48

健康是新妈妈的另一笔财富 54

保持理智,谨防消费陷阱 66

对宝宝下手别太"狠" 73

婴儿房里的大智慧 75

挑选物美价廉的婴儿用品 83

旧物变新宝——学会利用资源 87

堆东西不如堆钱 92

每个妈妈都有双巧手 97

生个健康宝宝,我有省钱高招　101

传统康复更安全　112

给宝宝一个细水长流的财富未来　117

买保险是妈妈的明智选择　119

投资债券——稳中求胜　124

基金定投——"一劳永逸"　128

选一只会赚钱的长线股　135

投资自己——为产后上岗做准备　140

保证充足的现金流　146

教育经费是只纸老虎　149

教育能烧多少钱　151

分门别类,教育经费早准备　156

掌握技巧,快乐胎教 160

幼儿园——只选对的,不选贵的 164

孩子减负,家庭减压 167

教育储蓄是妈妈的首选 170

用教育保险金为孩子保驾护航 174

第六章

高 FQ 从摇篮开始 177

培养一个"三商"宝宝 179

谈钱,未必可耻 183

财商教育从"抠门"开始 188

孩子,这世上只有富一代 193

人小鬼大早当家 196

君子爱财,取之有道 199

当孩子来敲门

也许某一天，你和先生如同往日一般，坐在黄昏的窗前，喝着下午茶。暖暖的夕阳挂在枝头，瓶中的玫瑰安静地散发着芬芳。仿佛是生命之河里传来的悸动，那一刻，一个小生命踏着闪着金色光芒的云，向你缓缓而来。是的，他来了，就这么悄悄地进入了你的生命。

如同所有乍然降临的幸福，给人带来无与伦比的欢喜。你可能庆幸自己没有慌乱了迎接的步伐，才能看着这可爱的天使，安静地、一点点地融入你的生活，然后，某一天能光彩夺目地站在你面前。

做一个母亲，是所有女性能享有的最幸福的权利。从怀孕，到养育自己的孩子，是我们一生中最特殊的一部分。它让和我一样的新妈妈们都真实地感受到了女人、妻子、母亲这三个角色融为一体时，所要面对和承担的责任。也正是这段曼妙的时光，将我们逐渐打磨成了一名成熟的女性。

爱人和孩子，终于完整地构成了我们的生活，让我们历练、成长。只是，这个不断成熟的过程，带给我们的不仅有莫大的幸福感，烦恼也接踵而至。我们思考着该为孩子准备些什么；我们面临着从双薪家庭变成单薪家庭的境遇，一时不知道该怎么去适应；我们纠结于辞职和继续工作之间，不知道事业和家庭该如何平衡；看着飞涨的物价，在读书难和就业难的社会困境中，我们担心着是否有足够的能力，保障孩子的未来……

然而，我们必须要成为为自己的孩子保驾护航的母亲。从知道自己成为新妈妈的这刻起，就必须学会打理家庭的财富，为自己的家人构筑一道生活的壁垒。

有一句俗话说得好："你不理财，财不理你。"现在，为什么会出现"月光族"、"啃老族"、"蚁族"……除了积累资本的能力不足之外，最为重要的一个原因，就是我们没有掌握理财的方法。

我很敬重我的母亲，她就是一位持家有道的女性。母亲早年是名普通的纺织女工，我出生还不到两年，她的单位就宣布破产了。从那以后，母亲失去了工作。而我的父亲只是一名司机，收入有限。为了增加家庭的收入，母亲开始创业。她先后经营过小吃店、音像店和内衣店，虽然都是小本生意，没有赚多少钱，但还是在很大程度上改善了家庭的生活质量。

在我的印象中，母亲一直很节俭，家里每笔收入，她都管理得井井有条。1994 年的时候，母亲开始学着炒股，后来申购了基金，现在又购买了商业保险。她成了朋友圈子里的理财达人，经常有阿姨到我家咨询她有关理财的问题。母亲也很乐意与别人分享她的理财经验。

念大学的时候，我们搬了新家。当时，父亲的一些老同事都感到很惊讶，他们说，多亏父亲有这么精明的妻子，要不，像他们这点收入，一辈子也别想住大房子。几年之后，我结婚了，母亲给了我 10 万元作为嫁妆。这次，连我这个做女儿的都惊讶了，没想到短短几年，她居然又存够了 10 万元。我开玩笑说："原来你是潜伏在平凡人群中的阔气老妈啊！"母亲对我说："哪是什么阔气老妈，我们都是在生活中摸爬滚打的普通人，只是会管理自己的钱财罢了。现在你为人妻了，一定要记住，吃不穷，穿不穷，不会计划一辈子穷。"

是啊，一个会理财的人，是永远不会缺钱用的；而一个不会理财的人，就算拥有一座金山，迟早也会坐吃山空。

我也希望做一个让大家羡慕的精明妻子，做孩子心中的"阔气老妈"。深受母亲的影响，我把理财的方法带到了现在的生活中。它们帮助我顺利度过了孕期，为我的孩子积累了第一笔财富。现在，我把这些理财方法，包括身边新妈妈朋友们的经验和教训，都融入到了这本书中，希望能对大家有所启发，并引导新妈妈们在各自的生活中，作出明智的判断，从此摘掉"孩奴"的枷锁。

李小宝

第一章　做妈妈，
你准备好了吗？

什么时候可以打算要宝宝，如何兼顾工作与家庭，这几乎是每个家庭尤其是准妈妈需要深思熟虑的问题。一旦决定要宝宝，就得担负起为人父母的责任和义务，规划好宝贝长远的未来。

什么时候可以打算要孩子

　　每次看到虎头虎脑的侄儿牛牛，我就希望自己也可以有个孩子。不过，亲自见证了嫂子从怀孕到生孩子的整个过程，看到她重新规划生活，看到她变得勤俭节约，每分钱都"斤斤计较"，与以前判若两人；看到哥哥为奶粉钱，更加拼命地工作，我有些矛盾了：能有个孩子是幸福的，但是对于过惯了安逸生活的我来说，养育孩子的过程又是艰辛的。我怀疑自己能否迎接这项挑战。因此，到底什么时候要孩子，我迟迟不能决定。

　　我常常幻想，如果孩子像存在银行卡中的钱，想要的时候能够随时取出来，不想要的时候，就一直存在卡上，那该多好。

　　当然，现实生活中哪有这样的事。我们一旦决定要宝宝，那就得担负起大半辈子为人父母的责任和义务，就得规划好宝贝长远的未来，这可是一项终生事业。所以，什么时候应该要宝宝，什么时候开始这项事业，成为了值得我们深思熟虑的问题。

对于这个问题,我询问了一些已经做妈妈的朋友,还咨询了长辈的意见。有人说早点生孩子好,妈妈的身体恢复快;也有人说晚几年生孩子好,这样宝宝最聪明;还有人说冬天生孩子好;有人反驳说夏天生孩子最好;还有长辈说"男怕初一,女怕十五",生男孩不能初一生,生女孩不能十五生。

通过搜集一些资料,我发现,这些说法大多是没有科学依据的。很多国内外医学专家都认为:女性怀孕的最佳年龄在 24 岁到 28 岁,年龄太小或年龄太大都不利于生育,另外,在夏末秋初,也就是每年的 7 月到 9 月怀孕最佳。

从社会学的角度出发,生育年龄在 26 岁到 30 岁是最佳的。由于高等教育的普及,完成本专科教育或高等职业教育之后,女性年龄一般在 22 岁左右。如果还要继续深造的话,年龄就还得向后推移。另外,现在人们的个性开放程度加深,平均婚恋年龄更是向后推移了两三年。如此算下来,问题就显现出来了。正如网上流传的一个剩女自嘲的段子:"如果决定在 28 岁要孩子,那么至少要在 26 岁遇到真命天子;如果要在 26 岁顺利遇到真命天子,那么按照常理推算,这之前可能遇到两三个 Mr. Wrong(错误的人),平均每个交往一年,则至少要在 23 岁开始谈恋爱……"这虽然是调侃的段子,但也从侧面说明了一个问题:婚恋年龄以及生育年龄都在向后推移。

然而，结婚之后马上生育小孩也是不妥的。原因有三点：首先，在结婚之初，一人世界变成了二人世界，要适应这种生活是需要时间的，这个适应过程就是俗称的"磨合期"。而婚后的磨合期很可能比恋爱时的磨合期更长。如今，离婚率居高不下，如果两人的感情还没有稳定就生育小孩，很有可能让孩子一出生就不得不面对单亲家庭的状况。

其次，当两个人结婚之后，就不得不融入对方的生活圈子，包括与对方的朋友、亲戚尤其是父母相处。尽管你与老公的生活已经很合拍了，但要与其家人建立亲密的关系，可能还是需要一段时间。而只有等到整个婚姻家庭的结构完全稳定的时候，才能够静心考虑孩子的问题。

最后，随着结婚成本的不断攀升，在结婚的时候，买房子、买车子、举办婚礼等，可能会花掉夫妻二人大部分存款，甚至有的家庭会因此欠下债务。那么，结婚之后，就需要一到两年的时间来重新积累财富。因为，良好的经济基础是养育孩子最基本的保障。

这样看来，女性在24岁到28岁期间，结婚一年以上再生小孩是比较合理的。那么，什么状态下可以要孩子，依然困扰着和我一样的很多年轻夫妇。

这个问题的答案就因人而异了。有的夫妇已经是大龄青年，生活阅历比较丰富，思想上成熟度也足够了，手里也有一定的积蓄，再加上自身的身体状况原因，要宝宝就是迫在眉睫的事了。

　　然而"80后"、"90后"的小夫妻,虽然已经为人妻、为人夫,不过他们其中的一部分人还属于"啃老族",收入不稳定,也没有做好当父母的心理准备,无论是心智上,还是经济能力上,都没有达到抚养孩子的要求,显然,婚后急于生宝宝肯定是不明智的。难道生下宝宝,还要爷爷奶奶来承担抚养的责任吗?所以,在确定生宝宝之前,我们必须先了解自身状况,并衡量自己的小家庭是否已经具备抚养宝宝的各项实力。

　　前些日子,我听朋友谈起她姐姐张女士的遭遇:张女士是一家证券公司的从业人员,出身于普通的工薪家庭。如今,父母都已经退休,她每月工资3000元左右。27岁的时候,在同事的介绍下,认识了大她三岁的李先生。李先生是某外语培训机构的行政人员,每月工资5000元左右。李先生的母亲是一名私营业主,还算有点积蓄。交往四个月之后,两人决定结婚。为了购置结婚的新房,张女士拿出了这些年所有的积蓄共12万元,另外,其父母也拿出了5万元作为嫁妆,其余的60多万元都由李先生支付。也就是说,买房就已经花光了两人所有的积蓄。

　　由于两人都是大龄青年了,双方的父母一直希望可以早点抱孙子,所以,结婚之后,张女士就做好了怀孕的准备。两个月后,张女士顺利怀上了小孩。

　　不过在怀孕期间,张女士逐渐认识到,在没有一点积蓄的情况下，自己和老公的收入很难维持现在的生活，更不知道今后拿什么保障孩子的生活。于是，张女士希望婆婆可以给予一定的经济帮助。起初，婆婆答应每月给张女士的家庭补贴800元。可时间长了，张女士需要的费用越来越多。为了小孙子顺利出生，婆婆每月贴补的费用也越来越多。后来，婆婆实在难以承受如此大的经济负担，于是决定不再给予任何经济上的支持。这件事导致张女士与婆婆的关系恶化，老公夹在中间，左右为难。

孩子刚出生，这积蓄已久的矛盾就爆发了。在孩子和家庭之中疲于应付的张女士，最终选择了离婚。而这场草草结束的婚姻，不仅让张女士心力交瘁，更让孩子一出生就进入了单亲家庭。至今提及此事，张女士仍然后悔不已。

张女士的例子充分证实了，靠亲人支持毕竟不是长久之计。维持家庭生活，必须靠自己的实力。没有一定的经济基础，是不适合养育孩子的。

我很同情张女士的遭遇，她的这些经历也给了我一些启发。那段时间，我也仔细审视了自己当时的状况：我和老公结婚两年之后感情稳定，与对方的家人也相处融洽。虽然，结婚买房的时候，我们花费了所有的积蓄，但是，我在旅行社的收入还不错，老公也有年薪8万元的稳定收入。这两年来，我们又积攒下了4万元钱，怀孕期间的费用应该够了。于是，我和老公终于决定，接下来的日子，我们要努力赚钱，迎接宝宝的到来。

在此,我建议大家在有一定的经济积累的时候,再考虑生孩子。受孕的时间也最好选择在 7 月至 8 月之间,因为这段时间,气候适宜,水果很丰富,蔬菜也比较新鲜。而且在次年的三四月份分娩时,天气不冷也不热,妈妈和宝宝都比较舒服。

需要注意的是,虽然我们可以人为地控制怀孕的年份和月份,但还是可能出现意料之外的情况。俗话说,人算不如天算,做好各种准备和应对措施是很有必要的。

工作 or 辞职——新妈妈的抉择

电影《东邪西毒》中有这样一句台词："每个人都会经过这个阶段，见到一座山，就想知道山后面是什么。"

第一次看到这句台词时，我年纪还小，不能体会它的含义，现在重新回味一遍，觉得颇有感触。在生活中，我们也有这样的经历，见到一座山，就试着去征服它，殊不知，山的后面可能又是另一座山。人生本来就是不停地攀爬，登上一座山，以为可以松一口气了，但是向前看，还有一座山在等着自己。我们就这么不停地翻越一座又一座高山。

例如，确定了要孩子的时间之后，工作还是辞职，成为了新的考验。

怀孕之后，我关注了一些新妈妈论坛，在其中看到这样一个例子：上海的杨女士与老公结婚两年之后，终于有了宝宝。怀孕给杨女士的生活带来了很多不方便，原本是数学教师的她，决定辞职在家，安心养胎，但杨女士的老公却始终不同意。杨女士感到很委屈，觉得老公并不体谅自己。在帖子中，杨女士这样写道："宝宝是我们两个人的，可怀孕这10个月却是由我独自承受。作为中学教师，特别是数学教师，工作是很费神的。如今我因为身体不适，希望做个全职新妈妈，没想到遭到老公的反对。他居然劝我继续工作，太让人伤心了。"

没多久，在这个论坛中，杨女士的老公也忍不住站出来向大家倾诉："在上海这个大都市中，生活成本本来就比较高。我们两人都是工薪阶层，收入比较低，去年刚买了房子，已经花费了所有的积蓄。我们的父母年纪都大了，退休工资有限，根本没有能力扶持我们。如今，老婆怀孕了，饮食方面颇为挑剔，以前的衣服也不能再穿，各种营养品又必须跟进，再加上新妈妈的培训课程费用，都是不小的开支，仅仅是住院生产的费用就要好几万。等宝宝生下来了，家庭的花销就更大了。"

除此之外，杨女士的老公还坦露，自己也不希望妻子太累，看到妻子身体不舒服，自己的心理压力也很大。现在刚怀孕两个月，妻子就决定辞职，会使这个双薪家庭一下子变成单薪家庭，经济负担压得他喘不过气。比起其他行业来说，教师这份工作算是比较轻松的。如果妻子坚持工作，等到临产的时候再请产假，就可以继续领8个月的工资，那么家庭每月就多了3000多元的收入。另外，继续工作还有产假薪水和生育福利。这些看似不起眼，关键时刻却能发挥大作用。所以，他希望妻子可以尽量适应新妈妈的生活，坚持工作几个月，让家庭渡过难关。

从上面这个例子，我们可以看到，杨女士和老公的想法都没有什么错。虽然，数学教师不是体力工作者，但备课、辅导学生、批改作业等，同样是极其耗费心力的。而杨女士也感觉到身体状况已经无法胜任工作了，此时选择辞职是可以理解的。可是，另一方面，杨女士老公担忧的也是一个非常现实的问题：一旦双薪家庭变为单薪家庭，拿固定工资的他们，又要怎么去应付日益增长的开支呢？这也许是很多工薪阶层家庭都会遇到的困境。

那么，是不是家庭经济条件比较好，就不会有这样的烦恼了呢？其实不然。

在一些经济条件殷实的家庭中，当妻子怀孕之后，大多数老公会要求妻子辞职，然后待在家里做全职新妈妈。据了解，出现这样的情况主要有两种原因：一是由于家庭经济状况良好，对于生育孩子有足够的保障，就算是单薪家庭，也不会影响生活质量，因此，根本无须妻子再坚持工作；二是为了维护老公的尊严。事业成功的男人，往往更希望妻子待在家里相夫教子。特别是在孕期，妻子做全职新妈妈，更能显示出老公的能力，以及他对家人的体贴程度。

不过，这样的观点并不正确。大量事实以及科学研究表明，在怀孕之后，新妈妈进行适当的工作，其好处不仅体现在为家庭增收方面，更重要的是，它对孕妇和宝宝的身心健康都是非常有益的。因此,怀孕之后,是继续工作,还是辞职做全职妈妈,只需要认真衡量,就可以作出决定了。

生育孩子是每对父母的权利,无论经济状况怎样,也没人能够剥夺为人父母的权利。不过,天底下所有父母都希望生育一个健康聪明的宝宝,希望别人孩子能拥有的,自己的孩子也可以拥有。没有谁愿意让孩子输在起跑线上。

那么,怎样才能实现父母的这种期望呢?当然只能依靠良好的经济条件。这就是我们始终强调生孩子必须提前做好准备的原因。

对于新妈妈来说,在选择工作还是辞职的时候,必须将家庭的经济状况纳入考虑中。如果经济状况一般,自己又能够坚持工作,则最好选择继续工作。这样不仅可以保持正常的家庭收入,减轻新爸爸的负担,也可以丰富自己的孕期生活,并保持充沛的活力。

最后,我想提醒各位新妈妈的是,宝宝作为一个新的家庭成员,他的孕育与成长牵连着家庭中的每个成员。因此,在考虑以上因素之外,还需要与家庭其他成员认真沟通,争取达成一致意见。这样,新妈妈们在待产期才能拥有一个融洽的家庭环境。

清楚当前的家庭财政情况

还没有工作的时候，我们是"啃老族"，对于父母收入多少，家里开支多少，几乎不会过问，只要每天有钱花就满足了。

工作之后，我们又成了"月光族"，从不会计算手中的薪水能用多久，该怎么用，能存下多少，只要卡中还能取出钱就可以了。要是卡上没钱了，再回去"啃老"……这似乎是很多年轻人的生活状态。我们从不了解财政情况，也从不担心经济危机，因为我们还有父母可依靠。

现在，我们必须改变这种生活态度。父母到了退休的年龄，收入有限，再加上我们已经成家立业，要自己承担生活的重任，逐渐摆脱对父母的依赖。特别是此时，即将升级为父母，就更应该理解父母的艰辛，也要对自己的下一代有所担当。

因此，从现在开始，我们必须认真审视家庭的经济情况，根据需要，开展有计划的收支，摆脱"啃老族"和"月光族"的头衔，早日迎接宝宝的到来。

很多新妈妈表示，要了解家庭财政情况非常困难。结婚前只需要了解自己的收入和开支，过着"一人吃饱，全家不愁"的生活；而结婚后，不仅要了解自己和老公的收入、开支，还要考虑到家庭的日常开支等。这些内容既复杂又陌生，让人不知道该从何下手。为了帮助新妈妈们更好地了解家庭财政情况，下面我介绍一些方法以供参考。

首先，新妈妈们需要了解家庭成员目前拥有的全部资产，包括夫妻二人在结婚之后的存款金额、每月的收入、节假日的补贴、年终奖励等，还包括拥有的房产、汽车、珠宝首饰、古董以及其他收藏品，股票、债券、基金等投资产品的市值。将这些加起来就是家庭的总资产了。

例如在某个家庭中，妻子拥有定期存款 2 万元，其老公的全部存款在结婚第二年购买了新房。新房的市值为 41 万元。结婚时的旧房市值为 22 万元，现在用于出租，每年租金为 1.2 万元。妻子年薪为 2 万元，老公年薪为 8 万元。另外，妻子拥有 2 万元基金，现在市值为 2.1 万元。老公有 5 万元股票，其市值为 3.6 万元。那么，该家庭的总资产则为 81.9 万元。其中房产为固定资产，因此，该家庭的流动资产为 18.9 万元。

其次，新妈妈们需要了解家庭的支出和负债情况，包括每月的开支，房贷、车贷等还贷项目，赡养老人的费用，以及每月保险需要缴纳的费用。将其总和起来就是家庭的支出和负债情况。

　　例如，在上面提到的家庭中，每月的生活支出大约为2000元，房贷为1600元，保险需缴纳1800元，赡养双方父母每月需要3000元。平均每年有两次外出旅游，费用大概为2万元。那么，该家庭每年的支出大概为12.1万元。这样一来，每年的结余大概为6.8万元。

　　新妈妈们可以借鉴上面的方法统计家庭的总收入和总开支，计算每年可以结余多少钱，以帮助我们了解家庭的现状，为未来的规划提供依据。

"爸爸，我和宝宝都挺你"

养家糊口似乎是每个男人的天职。即便在男女平等的今天，养家的重任也往往落在男人身上。当家里即将增添新成员的时候，他们的责任就更重了。

为了让新爸爸们能够顺利完成养家的任务，新妈妈的鞭策就少不了了。在此，我们将从三个方面入手，告诉新妈妈们该如何帮助新爸爸做好职业再规划。

 新爸爸长期在外地工作

由于工作的原因，部分家庭可能存在这样一种情况：老公经常出差在外，有的甚至每个月只有几天待在家里。我身边就有这样的例子。朋友小金和老公小王准备在明年怀宝宝。从收入上看，小王的年薪 15 万元并不算少，再加上小金的薪水，生宝宝的所有费用在半年之内就可以存够。不过，小金最近常在朋友面前抱怨老公的工作。我们都知道小王是某公司的采购部门主管，在外地的时间多于在家里的时间。夫妻俩的老家都在外省，一旦小金怀孕了，身边可能没有人照顾。

于是，我们建议小金帮助老公重新规划工作，希望能够减少在外出差的时间。一个月后，小金陪同老公参加了几场高级人才招聘会。小王在招聘会中被两家公司相中：一家公司愿意聘请他做外联，工资与现在的相当；另一家聘请他继续做采购，不过工资每月少了 1000 元。在仔细衡量之后，夫妻二人选择了第二家公司。虽然每月少了 1000 元，但是凭借他们现有的存款，并不影响生宝宝。而且，这家公司的采购主要在本市完成，不用出差。另外，老公小王此前一直从事采购方面的工作，现在继续这项工作不仅得心应手，还有利于今后的发展。敲定公司之后，老公小王向原公司递交了辞职申请，完成了一次专为宝宝的跳槽。

和小金夫妇有同样情况的朋友，可以效仿他们的做法。当家庭拥有足够的存款时，保证新妈妈和宝宝的身心健康，就成为了新爸爸的首要任务。拥有良好的经济头脑，并不是一味向钱看，而是综合衡量各方面的得失，做出损失最小的选择。如果新爸爸只追求眼前的高薪水，长期出差在外，忽略对新妈妈和宝宝的照顾，很可能造成更大的损失。这些损失是用再多的金钱也弥补不了的。

新爸爸的工资不稳定

上班族的收入一般比较稳定，每个月不会有太大的波动。而有些工作则被称为"不赚则已，一赚惊人"，例如工程承包者、销售人员等。由于这些人的收入是与所承接的工程或销售的业绩挂钩的，所以收入不稳定。当有工程可承接，或销售业绩好的时候，收入丰厚；当长时间没有工程可做，或销售业绩欠佳的时候，收入就不尽如人意了。在此，我们暂且不讨论工程、业绩与收入的关系，仅从一个家庭准备生育宝宝的现状出发，新爸爸的收入不稳定肯定是无益的。

去年六月，我在医院照顾即将生产的姐姐，认识了同一产房的罗女士，并和罗女士成了朋友。作为过来人，罗女士经常向我传授做妈妈的经验，同时，也向我讲述了她做新妈妈时的经历。

原来，罗女士的老公是某汽车公司的销售经理。结婚之后，罗女士就做了全职太太，专门料理家务。没多久，罗女士怀上了宝宝，于是准备让老公换一份收入稳定，且应酬较少的工作。但是，由于汽车公司的福利很好，老公与公司同事的感情也比较深厚，老公不愿意跳槽，只能承诺，罗女士怀孕之后会请保姆照顾她。

罗女士算了一笔账：结婚之后一直靠老公一个人的收入

维持生计，今后几年内，自己也不会重新工作，他们将长期处于单薪家庭的状况中。如果怀孕后请保姆，每月就会多出2000元左右的开支。老公作为公司的销售经理，收入时而高时而低，不是太稳定。再加之，老公的应酬太多，经常很晚才回家，一身酒气和烟味，回家之后倒头就睡，不仅不能分担家务，还为罗女士增加了很多工作量，常常让罗女士担心。如果在怀孕之后，这种情况不能改善，罗女士可能没那么多精力照料好老公和家庭。

后来，罗女士将这些想法告诉了老公，希望他可以在公司里实现内部调剂，换一个收入稳定、应酬较少的工作岗位。老公也希望能多一点时间照顾家庭，于是，在多番努力下，老公终于成功调换了岗位，在汽车公司的人事部担任了副经理，不仅工资比较稳定，且每天可以按时上下班，这样就有更多的时间照顾新妈妈和宝宝了。

罗女士的经历让我深受启发，新爸爸的收入是家庭经济收入的重要组成部分。当新爸爸的收入不稳定的时候，就会扰乱家庭的经济计划，从而很难为宝宝提供一个可靠的成长环境。由此看来，帮助收入不稳定的新爸爸调换工作是刻不容缓的。

 新爸爸吸金不足

无论新爸爸是长期出差，还是收入不稳定，都没有收入微薄更让人伤脑筋。

试想一下，在一个家庭中，如果老公收入微薄，而妻子却身怀六甲，要怎么才能确保宝宝乃至整个家庭的生活质量呢？

实际生活中，我所提到的这种情况是存在的。在亲子论坛里我看到过这样的例子：邓女士与老公是中学同学，大专毕业之后，两人走到了一起。邓女士很欣赏老公的勤奋和踏实，于是，两人决定裸婚。婚后他们租住了一个小户型的房子，邓女士从事医疗物品销售工作，年薪为 10 万元左右；而老公只是普通的公交车司机，年薪并不高，只有 3 万元。显然，在这个家庭中，邓女士是经济支柱。

婚后不久，邓女士有了身孕，由于身体状况的原因，不能再继续工作。她辞去工作后，家庭的收入就少了一大半。原本计划买房子的钱，只能拿出一部分来，先用来生育孩子。如果生完小孩之后，邓女士决定亲自照顾小孩的话，经济负担肯定会更重了。于是，邓女士决定从老公入手，帮助老公进行职业规划，从而提高老公的收入，以缓解家庭的经济负担。

考虑到老公的文化程度不高，除了驾驶也没有其他的技

能，因此，邓女士拿出一部分积蓄，给老公买了一辆货车，然后，利用之前做销售时积累的人际关系，为老公联系到了几个稳定的客户。老公辞掉了公交车司机的工作，做起了货运生意。在邓女士的支持下，老公的生意越做越好，收入比之前翻了几番。这样一来，邓女士就可以安心地做个全职妈妈了。

我们不得不佩服邓女士的精明，如果没有她对新爸爸职业的重新规划，那么家庭的经济状况就很难改善，一旦有了小孩，很可能陷入困境之中。

从上面的分析，我们可以发现，对新爸爸的职业规划，已经不再局限于对收入上的追求了。生孩子不仅会让新妈妈作出牺牲和努力，同样需要新爸爸作出努力。

首先，抚养孩子是一项长期的任务，对于薪水不稳定的新爸爸们来说，寻求一份薪水稳定的工作是迫在眉睫的，千万不能让新妈妈和宝宝过着"饱一顿，饥一顿"的生活。

其次，收入过低的新爸爸，也必须想办法提高自己的收入。正如邓女士的例子，如果新爸爸没有更换工作，平均每个月只有2000多元的收入，除去房租，其余的连宝宝的奶粉钱都不够，怎么保障宝宝的未来？

在日本，每个男性几乎都拥有两份及两份以上的工作，这一点新爸爸可以借鉴。我们并不是要求每个新爸爸都有几份工作，而是建议爸爸们在老婆怀孕期间，可以做些力所能及的兼职，找些能赚外快的点子。例如，开车上班的新爸爸可以做"兼职司机",每天上下班接送和自己顺路的人。如果每位乘客每月收取 200 元车费,那么四个乘客就可以获得 800 元的额外收入了。

最后,新爸爸工作的时间、地点、性质也是比较重要的。如果新爸爸长期在外地办公,或者应酬太多,对新妈妈和宝宝都是不利的。要知道自己的责任不仅是在金钱上给予妻子和宝宝保障,还要在情感上给予保障。亲人的关怀就是无价之宝。因此,对于收入不成问题的新爸爸来说,能够多抽些时间陪伴家人,也是职业规划需要考虑的重要因素。

对症下药——制订宝贝计划

当新妈妈们掌握了家庭的收支情况，了解了养孩子的平均成本之后，就可以进入到"计划经济"的环节中了。

很多新妈妈在做"宝贝计划"的时候，都忽略了一个重要的问题：除了宝宝的花销，整个家庭也会有花销，例如换购新房、添置汽车、购买家具电器、家庭成员出现意外或突发疾病、工作变动、投资亏损、赡养年迈的父母……这些都是需要考虑到计划之中的。不能把所有的家庭收入，都用在宝宝一个人身上。要制订一个合理的宝贝计划需要注意以下三个方面。

立足于家庭状况之上的宝贝计划

制订宝贝计划的时候，一定要立足于家庭实际状况之上，且该计划是通过现在的努力可以实现的。例如，一个没有任何存款和固定资产的工薪家庭，计划一年之后生个宝宝；

等到宝宝 3 岁的时候,送到最好的幼儿园去;孩子 8 岁的时候,买架钢琴,并聘请专业老师培养;孩子 14 岁的时候,就送去美国留学……对于这样的计划,我们只能惋惜"理想是丰满的,现实是骨感的",因为,凭借该家庭的实际情况,要完成这样的宏愿是非常困难的。

 ## 既要有近期计划又要有长远计划

所谓的近期计划,是指新妈妈们需要做个评估,判断现有的家庭收入是否能保障从怀孕到生产的所有费用。

长远计划是指,等到宝宝出生之后,宝宝的生活费用、教育费用、医疗费用等是否可以顺利积攒。

当然在制订计划的时候,也可以对家庭的收入提出一定的要求。例如,在多久之内,必须积攒到多少钱,什么时候开始买保险,什么时候进行教育储蓄等。

 ## 为计划之外的变化做好防备

计划总是赶不上变化的,这就要求新妈妈们要为可能发生的变化留有余地。例如,需要存一笔钱应对父母亲的健康状况,以及预防家庭的意外状况;还需要留一笔钱应对金融危机;甚至还要考虑到如果夫妻感情破裂,怎么保障孩子的正常生活开销和教育费用；如果通胀严重，怎么抵御物价飞涨、货币贬值；如果失业，怎么维持家庭生计；如果突发自然灾害，怎么减少家庭的损失……这些状况在未来都是有可能发生的。为了保障宝贝计划的顺利进行，就必须提前做好各种防备。

做好预算——不要做糊涂妈妈

古语有云："不当家不知柴米油盐贵。"没有养过孩子，大概也无法体会到养孩子的艰辛。有报道指出，短短40年来，养孩子的成本已经增长了300多倍。可能我们很难想象增长300多倍会是什么样子，不过，只要在网上搜索"养孩子需要多少钱"，就会得到很多个让人惊讶的答案。

据广州一项统计显示，在消费水平居高不下的广州，仅仅从怀孕到结束幼儿园的教育总支出就大概有46万元。这些费用包括怀孕中需要的花费，例如产检费用、怀孕期间的营养品费用、母婴用品费用、胎教费用、孕妇培训课程费用，以及住院分娩的费用等，大概要1万到2万元。而等到孩子出生之后，开销就明显增大了，主要包括保姆、奶粉、尿片、营养品、辅食等的费用，还包括宝宝的洗浴用品、服装、玩具、图书、疫苗、体检和看病的费用，以及宝宝上幼儿园的费用，大概需要44万元。

另一项来自新华网的统计显示，在中国养育孩子的平均成本为 49 万元(并非局限于一线城市)。这包括从怀孕开始，到孩子结束大学教育的所有费用。比较前一种算法，这种算法更为保守，它缩减了孩子出生后到上幼儿园之前的费用。不过，孩子在今后成长中的教育费用则成为了重头戏。据这项统计显示，孩子的教育费用如下表所示。

表 1-1　孩子的教育费用估算表

项目	3 年幼儿园	6 年小学	6 年中学	4 年大学
费用	>6000 元	150000 元	150000 元	100000 元

看到这些数据，新妈妈们可能有些担忧了，但这只是养孩子的一个参考成本，你可以将它无限放大，也可以将它压缩到你能承受的范围内。

例如，在怀孕初期，就开始请保姆照料，那么保姆费用可能增加 2 万元左右。如果母婴用品追求全新的、高档的、进口的，那么这笔费用可能会翻几番。宝宝出生后，从幼儿园到高中，都要上最好的学校，接受最好的培训，教育费用又会增加好几万。等到上大学的时候，希望把孩子送出国留学，每年的花费肯定不止 2.5 万元人民币。这样算来上百万元的费用是免不了的。

反之，你也可以动用你所拥有的资源，在保证孩子的生活质量的同时，努力缩减养孩子的成本。例如，孩子出生之后由家人悉心照顾，省了一笔月嫂钱，心里也踏实；上幼儿园的时候，选择离家较近的幼儿园；读书期间，不要在课后请太多家教，以免增加孩子的负担，同时也减轻家庭的经济负担；大学的时候支持孩子做兼职或自己创业，不仅能锻炼孩子的能力，也可能省一笔生活费……这样算来也可以节约好几万元。

　　因此，养孩子的花费不仅要看所属地区的平均生活成本，还要看自己是怎么控制的。无论是"穷养"还是"富养"，养孩子都是家庭生活中一项庞大的开支，对于从来没有计划、用钱没有节制的新妈妈来说，这将是一个巨大的考验。

第二章 新妈妈
必练"节钱道"

无论是"内政"还是"外交",新
妈妈都要精打细算,将每一分钱都
花在刀刃上。加入新妈妈俱乐部,
与大家一起出妙招,节约家用方法
一网打尽;精打细算,省钱大不一
样;为了宝宝"拼"一回;健康妈妈
拥有大财富。

大刀阔斧改"内政"

大家一定听过这样一句话："你有一个苹果，我也有一个苹果，我们交换之后，每人还是只有一个苹果。但是如果你有一种想法，我有一种想法，我们交换之后就会拥有两种想法。"这句话很形象地告诉我们，交流想法和经验的意义与重要性。从小到大，我们都在不同的群体或环境中，通过不断交流经验而获得成长。幼年时期，我们在朋辈群体中获得接纳和爱，增强自身的角色认知；学龄期，我们在老师和同学那里习得知识和技能，学习行为规范；成年后，我们在恋爱和工作关系中学习处理人际关系，学习生存技能，学习爱和被爱，学习责任与义务……

人的成长过程就是一个学习的过程，我们通过社会学习成功度过每一个阶段。如今我们即将进入一个新的人生阶段，我们的社会角色将发生新的变化，这就需要我们融入到一个新的群体中去继续学习。

飞速发展的信息技术为我们寻找自己的群体、获得学习的机会提供了可能性。例如,一位家庭"煮男"想知道还有哪些特殊的小菜既简单又美味,于是他加入了"快乐煮男"QQ群。在这个群中,他分享到来自全国各地的"煮男"的私房菜做法,从而使他的厨艺大增。

一位想继续深造的妈妈加入了某高校的考研论坛。她在论坛中结识了不少战友,也获得了不少的信息,不仅可以免费下载考研资料,还获得了大家的鼓励和帮助。一开始,这位妈妈连什么时候报名考试,需要考哪些科目都不明白,到最后她不仅顺利通过了考试,还将自己的成功经验发布到论坛上,以"前辈"的身份鼓励其他人。

一个人的智慧和能力始终是有限的,就拿省钱这件事来说吧,再聪明的新妈妈,总有没想到的点子。如果加入到新妈妈俱乐部中,大家一起支招,效果就不一样了。

在怀孕前,我并没有意识到节约的重要性:睡觉从不关机,出门也不关电脑。怀孕之后,我把每笔账都算得很清楚,这一算才发现,每个月的家用高得离谱。于是,我下定决心,把节省家用也放在经济计划当中。

不过这家用该怎么节省呢?我的母亲是一位节水高手:她常常把洗菜的水收集起来,倒进洗拖布的桶里,洗完拖布之后,还可以用来冲厕所;淘米的水也可以存放在一起用来洗碗;洗脸的时候用盆盛水,不会一直放水;用完水一定会关好水龙头……

母亲的这些节水小窍门现在派上用场了。除此之外,我还在网上加入了几个新妈妈论坛,例如宝宝树育儿社区,小脚印亲子论坛等。在这些论坛中,我将自己知道的节水方法发布出来,与其他新妈妈一起分享。

另外,我还在同城网中认识了几位新妈妈,大家相聊甚欢,于是互留了联系方式,决定成立一个新妈妈俱乐部,每周日下午聚会,以交流心得。

随着新妈妈俱乐部越来越大,我们讨论的话题也越来越多。当然,我搜集到的节约家用的方法也越来越全面。总结起来,节约家用主要有下面一些方法。

1. 节水的方法:洗衣机,特别是全自动洗衣机,给我们带来了很多方便。一般情况下,我们设置好洗衣机的水位、漂洗方式和时间之后就不管了,这样使大量的水都顺着水管流进了下水道。其实可以将这些水收集起来进行再利用。例如,第一次漂洗的水可以用来冲洗厕所;第二次清洗的水可以用来擦灰、拖地等;第三次清洗的水比较干净,可以存放在桶里备用,或者用来洗袜子、帆布鞋等。

很多女性喜欢洗澡的时候一直不关淋浴器。有的女性洗澡时间长达一个小时,水就这么一直流淌着。一个小时可以放掉一两吨水,这些流走的水,其实也是白花花的银子。如果我们改用小容量的浴桶,或者在搓澡时暂时关掉水龙头,就能够节约50%~70%的水。

抽水马桶方便快捷,但是它的节水性并不强。如果在马桶上安装节水配件,则可以有效节约50%左右的水。另外,建议大家在卫生间准备一个水桶,平时将洗菜、洗衣服的水储存在桶里,可用来冲厕所,使水得到充分的利用。

还有的朋友看到卫生间的地板脏了,习惯打开水龙头冲洗地板,这样也是很浪费水的。大家可以选择用拖布拖地,然后清洗拖布。如此一来,不仅可以节约用水,还不至于洗手间太湿、太滑。

除此之外,用完水后一定要关好水龙头。出远门时要记得将水的总闸关掉,以免出现意外情况,导致清水白白流失。

2. 节电的方法:怀孕之后诸如电脑、电视机这类辐射较强的家用电器尽量少用;在家里多开窗透气,少使用空调;做饭的时候用天然气代替电磁炉、微波炉等大功率电器;提倡使用节能灯泡。

电器在开关时耗电最大,因此家里的电器不要频繁开关。不要让电脑长时间处于待机状态。当电脑、电视机、微波炉、电灯等电器不用的时候,要及时关掉。晚上睡觉前,记得拔掉电源插头。出远门记得拉下电源电闸,这样不仅省电而且安全。

3. 节省手机花费的方法:话费也是一笔不小的开销。第一,如果夫妻二人都在使用手机,则可以停用座机;第二,使用手机不要一味追求潮流,频繁更换,比如你已经入手

iPhone 4 了,就没必要再买 iPhone 4s;第三,3G 上网收费较高,尽量不要使用手机上大网页、开视频;第四,怀孕之后减少打电话和发短信,这样不仅可以减少辐射,还可以节约话费;第五,家庭成员可以办理话费优惠套餐,一般的联系能使用飞信,就不要发短信、打电话,大家还可以尝试使用网络电话,全国各地均免费。

4. 节约家里的日常用品开支:用废弃的塑料袋装垃圾,用干净的拖鞋作为来客的拖鞋,避免使用专门的垃圾袋和鞋套;地面有垃圾的时候,不要用卫生纸擦拭,用扫帚和拖布清理干净;废书、废报、酒瓶、饮料瓶等可以存放在一起卖给回收站。

5. 节约休闲娱乐的费用:没有收藏意义的书或杂志可以租借,不必要购买;出门可以选择步行或者公共交通工具;尽量在家做饭吃,少下馆子;多利用社区公共设施参加运动,减少健身的费用;办理电影院、KTV 等娱乐场所的积分卡或优惠券;在商场打折的时候挑选需要的物品。

以上列出的节约方法,只是一些新妈妈们的经验。大家还可以根据自己的生活条件和生活习惯,制订最适合自己的节约方案,然后拿出来分享,一起改进、完善。在节约家用上永远没有最高的境界,只有更高的境界。

精打细算缩"外交"

并不是每个"80后"、"90后"都是宅女,也并不是每个新妈妈都有社交恐惧症。在年轻的新妈妈中,不乏一些社交发烧友。

例如我,性格活泼开朗,有一大帮子朋友。在怀孕之前,每天下班都有其他的安排。特别是在结婚前,每月的工资有一半都花在了社交上面,不是请朋友吃饭喝茶,就是一起跳舞唱歌。日子倒是充实了,但是钱也花了不少。怀孕之后,推了不少约会,花钱不再像以前那样大手大脚了,把钱拿出去和朋友们一起挥霍了实在不值。

钱得花在刀刃上。特别是有了宝宝之后,每一分钱都应该发挥它的作用。

有的新妈妈可能会觉得委屈:为什么有了家庭和宝宝之后,就没有自己的私人空间呢?很多人在结婚前都过得很悠闲,从来不会为衣食住行担心,每个月的工资都和朋友们一起花销,生活充实快乐。

而结婚之后,和以前的朋友联系少了,下班回家面对的都是房贷、水电费用、一日三餐的安排。当做了妈妈的时候,自己基本上没有社交活动了,整天待在家里。曾经的朋友渐渐不联系了,有时候想找个人说说话都很困难。这不禁让人想起唐伯虎的一首诗:"琴棋书画诗酒花,当年样样不离它,如今七样皆更改,柴米油盐酱醋茶。"

　　结婚生子是人生轨迹上的重要转折点,它让我们获得新的社会角色,拥有新的责任和义务。在我们扮演这个角色的过程中,肯定需要有所改变,以适应新的角色。那么,当我们升级做新妈妈之后,放弃一些个人的娱乐和社交活动也是难免的。不过,完全隔断与外界的联系是不值得提倡的。频繁参加社交活动会花费太多的时间和金钱,完全没有社交活动会让生活变得更加枯燥。因此,掌握社交活动的"度"就显得尤为重要了。

　　那么,怎么才能在继续参加社交活动的同时,又减少自己的花销呢?相信下面的内容能给你带来一些启示。

延长社交活动的周期

　　例如新妈妈每天都会参加社交活动,每次社交活动至少需要50元,则一个月花费在社交上的费用共计1500元左右。现在,新妈妈们可以将这个周期延长到一周,也就是说一周只参加一次社交活动,同时,将参加社交活动的费用比平时多增加一些。这样心里既不会觉得委屈,花销也得到控制。

假如一周一次的社交活动需要花费 200 元,那么每个月用在社交上的费用共计 800 元,比每天一次节约了近一半的费用。

如果新妈妈愿意把这个周期再延长一点,变成每个月参加一次社交活动,每次活动花费 500 元,那么又能缩减近一半的社交开支了。这样看来,是不是更划算呢?

在前面我们计算的只是在社交中花费的钱,其实花销远不止这些。每个女性都希望自己每次都能以全新的形象出现在大家面前,没有人愿意穿着同一件衣服,连续参加两次社交活动,也没有人愿意一直提着同一款手提包……为此,女性总是不停地购买新的衣服、新的手提包、新的鞋子,甚至是新的手机和化妆品等。这些费用可是不容小觑的。

当社交的周期很短时,这一类的消费也就会相应的频繁;而一旦将社交的周期延长,这类的消费自然也会随之减少。

除此之外,延长社交的周期,不仅可以节省开支,还能给自己一个较好的缓冲机会,让疲惫的身体得以恢复。这对自己和宝宝都是有好处的。

选择适合自己的社交场所

选择适合自己的社交场所包含两个方面。首先，新妈妈需要明白，怀孕之后适合哪些场所的社交。例如喧闹的 KTV、乌烟瘴气的茶楼、不通风的空调房间等，这些都是不适合新妈妈的。其次，选择社交场所还必须符合自己的财力。如果怀孕之前的你奢侈惯了，那么现在就有必要为自己腹中的胎儿谋划一番。尽量少去昂贵奢华的场所，并告诫自己：不要再用宝宝的生活开支来为奢华埋单了。

改变社交的方式

聚餐是每次社交活动中必不可少的一个项目。只要细心记账的新妈妈都会发现，将每次聚餐的费用加起来，便是一项惊人的开销。

所以，当社交活动即将进入到聚餐这个环节的时候，新妈妈可以选择提前离开。看到这里，有的新妈妈肯定要质疑，这种做法会让朋友觉得太抠门了吧，会不会很扫兴？

其实不必顾虑太多，毕竟对于孕妇来说，饮食上是有很多讲究的。在外聚餐，通常需要照顾大家的口味，而这些口味不一定适合孕妇。再者，在外面吃饭远没有在家吃饭健康营养。在家里吃饭就不一样了，家人往往会根据孕妇的情况来做饭，例如奶汤炖鲫鱼、香炒西兰花、菠菜烧鱼肚等。为了你的健康，相信你的朋友也都会谅解的。

坚持 AA 制

AA 制既公平又礼貌。在社交活动中，提倡大家坚持 AA 制，可以避免一次性支付一大笔费用。

如果在闺蜜聚会中，大家没有明确的 AA 制，在每个人都可能埋单的情况下，你就提前结一些价格便宜的账单，比如饮料、零食等。那么，其他的费用自然会有人埋单。这个时候就算你不埋单也不至于落个"抠门"的名号。

拒绝参加以炫耀为目的的聚会

以炫耀为目的的聚会确实存在，只不过有太多人不愿意承认。有些聚会总是打着"叙旧"的旗号，实则互相炫耀自己的成就，例如我的老同学小王的遭遇。

小王怀孕的那一年，在我们中学同学会上，遇到了另一位老同学。很巧的是，对方也是一位刚怀孕不久的新妈妈。两人开始还在互相交流怀孕经验，后来就上演了一场新妈妈炫耀秀。为了不输于人，小王只好硬着头皮，和那位同学一起办理了一家顶级培训机构的孕妇课程培训卡。同学会结束之后，小王后悔不已，她告诉我，为了逞强，她花费了老公三个月的薪水。

在某些情境中，人的攀比心是很容易被挑起的。这时，就需要新妈妈们保持清醒的头脑，并且拒绝参加一些为了攀比的社交活动。

减少旅游的次数

适当的出游有利于新妈妈们的身心健康，而频繁出游显然并不适合新妈妈们。如果想利用孕期的空闲时间出去走走，新妈妈们就要好好规划一下，遵循减少旅游的次数、选择就近旅游景点的原则。

例如，在怀孕前，每逢"五一"、"十一"、春节假期，我们都会出外旅游。假设每次旅游平均花费6000元，那么一年就会花掉18000元的费用。如果怀孕后能减少旅游的次数，一年之中出游一次或两次，且选择离家较近的景点，那么旅游的费用就能得到有效控制。

另外，每到"五一"、"十一"、春节假期时，旅游的人数就成倍增长。这不仅为出行带来了不便，还会造成旅游成本的上升。人群拥挤的地方极容易发生事故，也会影响到新妈妈们的情绪，从而影响胎儿健康。所以，新妈妈们最好避开这些黄金时段。

"穷游"最早是国内一个自助游的旅游网站,以提供自助游的咨询为主。穷游后来发展为一种旅游方式,这种方式提出了一种与钱无关的旅游概念,追求以最少的资金获得最大的快乐。

新妈妈们也可以借鉴穷游的经验。例如,避免去一些商业化较强的旅游景点。因为这些景点开发程度较高,商业气息浓重,无论是门票,还是食宿都比较贵。

另外,可以选择便宜的交通工具。避免选择飞机、高铁等价格较高且不适合孕妇乘坐的交通工具。在食宿方面,可以选择一般的旅店,或者当地居民家中,没必要去星级酒店。另外,尽量不在景区内购买纪念品。当然,在怀孕期间最好也不要选择出境游。

美丽无处不在,只是缺少欣赏美丽的眼睛。好山好水并不一定在远方,也许你的脚下就是人间仙境。所谓"不识庐山真面目,只缘身在此山中",正是这个道理。

所以,建议新妈妈们考虑就近旅游。一来交通、住宿、门票都能节省一部分,二来怀孕期间,并不适宜远距离的舟车劳累。选择周边游,如果出现意外状况也能够及时处理。

从"卡奴"到"卡主"

前些日子我去办了一张信用卡。同事说："你怎么也办信用卡啊?这东西就是银行忽悠人的,迟早被套到里面去。"

这位同事给我讲述了他使用信用卡的悲惨遭遇。他说他曾经也办过一张信用卡,后来透支了 1 万多元,一时半会也没钱还款。突然有一天,银行将他告上法庭。当初欠下的 1 万元,加上利息、复利和滞纳金,他需要还银行 3 万多元!

很多人都出现过信用卡透支的情况。银行对每个办理信用卡的客户,都有一个信用考核。当出现在规定时间内不能还清债务的情况,客户的信用等级就会降低,随后,你在其他银行也很难办理借贷业务,甚至办一张电话卡都很难。

因此,有些使用信用卡的人逐渐地变成了"卡奴",每月工作赚的钱,都用来还信用卡了。其实,在办理信用卡之前,我们必须清楚两件事:刷卡消费的金额必须在我们的偿还能力之内;不能对信用卡产生依赖。千万不要产生这样一种错觉:我刷卡消费用的是银行的钱,不是自己的钱。

只要我们正确使用信用卡,不仅能在短时间内缓解燃眉之急,还可以享受多重优惠,有助于个人理财。对于如何正确地使用信用卡,我有以下几点建议。

不要办理太多的信用卡

有的朋友会因为办理信用卡程序简单,而且银行还有礼物相送,去办理很多张信用卡。有的女性朋友甚至会因为卡面漂亮而去办理信用卡。

这些都是没有必要的。我只办理了一张信用卡,还款日期为每月 10 号,且信用卡直接与我的工资卡挂钩。每个月 10 号工资到账之后,就可以自动还清信用卡的欠账了。

我有位朋友,使用信用卡已经很多年了。她手里有五六张信用卡,使用信用卡已经成为了她的习惯。由于她始终控制不了自己的购买欲,导致她经常刷爆信用卡,且消费的金额远远高于她一个月的收入,因此,她每月只能还上最低还款额。逐渐地,她背负了沉重的利息。只还最低还款额,其利息是相当高的。例如,在还款日的前 30 天消费了 1 万元,那么利息的算法就是,1 万乘以日利率 0.5‰,再乘以 30 天,即为 150 元。

在此提醒大家:选择信用卡的还款时间也是比较重要的。选在刚发工资之后,个人的经济还比较宽裕,很少出现不能还钱的情况。如果选在月末或月初，对于一些"月光族"来说，工资刚好用完，手头本来就没什么钱了，这时候还要还信用卡欠款，可能就相当困难了。

同时，在消费的时候需要注意，超过 5000 元以上的物品，最好采用分期付款的方式。

灵活使用免息期

当然信用卡并不是一到时间不还钱，就马上计算利息的。

银行在开立信用卡的时候，就设置了一个免息期。例如，一张信用卡的账单日为每个月 1 号，而还款时间为下个月 20 号。那么从每个月 2 号开始消费，到下个月的还款日期，就有长达 50 天的免息期。如果我们能巧妙地利用这个免息期，就不用向银行支付高额的利息了。

享受信用卡带来的优惠

信用卡带来的优惠主要有四个方面。如果你对信用卡的性能足够了解，就能很好地利用这些优惠。

首先，在开办信用卡的时候，银行为了刺激消费，通常会有一个开卡礼，开卡礼多则上千元。只要客户在开卡后三个月内，刷卡消费到达一定金额就能获取。

第二，积分换礼。这是信用卡的一大特色。每次我们使用信用卡消费，都会获得一定的积分。一般情况下，10000 积分可以兑换价值 20～50 元的礼品。如果遇到节假日，或者使用信用卡买房、买车、旅游、订机票等，还有机会享受双倍甚至是多倍积分的优惠。

第三，利用信用卡获取折扣。在很多商场或者指定消费点中，都可以看到使用信用卡可享受折扣的信息。为了抢占商机，很多银行都推出了自己的信用卡促销优惠活动。有时候，银行也会和商家合作，一起做一些促销活动。例如，商场品牌促销、用餐打折、商旅分期等活动，在这些合作商家消费时，只要你使用该行信用卡，就能享受高达 5 折甚至是 3 折的优惠。只要消费的金额在你的偿还范围以内，你就可以利用信用卡帮你节省一大笔钱。

第四，异地使用无手续费。很多银行卡都有本地和异地、本行和跨行之分。在不同的地域，或者不同的银行之间进行消费、转账或汇款时，就会产生一定的手续费用。而信用卡的使用在国内没有本地和异地之分，无论你在什么地方办的卡，拿到任何地方使用都是一样的。这样一来，就可以节省一笔手续费。

另外，信用卡还有一项资金为溢缴款。这笔钱就是我们还款时多缴的资金或存放在信用卡账户内的资金。如果我们需要定期为某人汇款，那么，可以为他办理一张信用卡附属卡,然后将钱存到其中,就可以免去手续费了。

　　除此之外,信用卡在节假日或者某些特定日子中,都可以享受到优惠。所以,大家没有必要"害怕"它,只要你正确使用,就能翻身做"卡主"了。

为了宝宝"拼"一回

　　省钱也是有原则的,该花的地方千万不能省。有的新妈妈省钱省"上瘾"了,连自己的饮食也省。例如牛奶不喝了,水果太贵也不吃了,甚至连孕妇装都省了……最"省"的可能要算我认识的一位网友欧阳女士了。

　　欧阳女士怀孕之后,把一切费用都压到了最低。在做过早期产检(怀孕前期 3 个月的检查,以了解胎儿在宫内的发育情况)之后,发现胎儿一切正常,这让欧阳女士一家很放心。但同时,欧阳女士发现,早期产检每个月一次,要连续做三次,每次都得花好几百元,之后还需要做复查,太浪费钱了。

　　于是,欧阳女士擅自决定,从第 4 个月开始,就没有再去做过产检了。结果,在分娩的时候,却发现腹中胎儿出现了胎位异常的情况,这导致了欧阳女士的难产。不该省的却一味节省,不仅让自己受罪,分娩费用也比之前的预算多了近 3000 元。

产检是绝不可少的。新妈妈的产检一般分为三个阶段。第一个阶段是在孕期的前 3 个月,也就是案例中欧阳女士坚持做产检的那个阶段。第二个阶段则是在孕期的 4 到 6 个月,医院会发给新妈妈们一本《孕妇健康手册》的小册子。从这个阶段开始,胎儿的发育就进入到一个相对稳定的阶段,而孕妇的妊娠期并发症却明显增多了。因此,该阶段产检的项目增多,周期也较频繁。从孕期的第 7 个月开始到分娩前,就要进行第三阶段的产检,也是最为重要的一个阶段,新妈妈们平均每周就要检查一次。这个阶段产检的内容主要包括 B 超、血常规、尿常规、肝功能、凝血机制等,以了解胎儿是否有缺陷,是否有肾、脑积水,胎位是否正常,孕妇是否有良好的分娩状态等。

在上述案例中,欧阳女士正是因为没有进行后两个阶段的产检,因此无法及时发现胎儿的胎位不正,才最终导致难产。

不同的城市,不同的医院,其产检费用是有差异的。一般情况下,新妈妈在整个孕期需要的产检费用大概为 2000 元到 3000 元,也不排除部分地区的产检费用比较离谱,甚至有的医院产检费用会高达上万元。所以,为了节约这笔费用而不去产检的大有人在。

这里就需要提醒各位新妈妈们:为了宝宝和你的健康,产检是必不可少的,切莫因小失大。如果希望缩减产检的开支,你可以考虑使用以下方式。

拼团产检，拿到优惠价

团购作为一种新兴的购物方式，已经逐渐深入到我们的日常生活中。医院打出"团购"的招牌，早已不是什么新闻。

新妈妈作为一个特殊的群体，当然也会有自己的圈子，例如同城新妈妈俱乐部、网络论坛中认识的孕妇朋友。现在，在很多医院（特别是私人医院）的宣传中，可以看到产检团购的优惠活动宣传，一般的优惠折扣为8折到4折。如果新妈妈们彼此互通消息，拼团参加产检，就可以省下一笔费用。

要想知道自己所选的医院是否提供产检团购优惠，新妈妈们可以亲自去医院询问。

 ## 在社区医院进行免费产检

有些社区医院是可以为孕妇提供免费产检的。但是，这些产检一般不包括B超和彩超的项目。新妈妈可以到社区医院进行血常规、肝功能、血型、尿常规等项目的免费检查，然后再到其他大规模的医院，进行B超和彩超的检查。这样一来，产检的花费也就只有几百块钱了。

另外，有些单位也会为怀孕的女职工提供免费的产检。如果单位给新妈妈购买了五险一金，其中包括"生育保险"，那么在生育孩子的时候就可以酌情报销医疗费用,甚至能得到补贴。相关细节,上班族的新妈妈们可要主动去咨询清楚了。

 ## 产检不要过于频繁

相对于不愿意进行产检的新妈妈们,喜欢甚至依赖产检的新妈妈们又是另一种极端了。这些新妈妈们怀孕之后过度紧张,总是担心胎儿会出现什么异常状况,只要腹中有任何风吹草动,都会赶紧到医院做一次详细的产检。还有的新妈妈爱子心切,喜欢通过产检,时刻观察腹中宝宝的动态。这样不仅浪费钱,还会因为频繁的仪器检测,影响到腹中胎儿的正常发育。

除了产检之外,新妈妈的培训课程也是怀孕期间花费较大的一个项目。

新妈妈培训又叫产前课程,它主要包含孕妇营养保健、孕期心理健康、骨盆操、分娩止痛、胎儿发育、母乳喂养方式、新生儿护理、产后保健、预防产后忧郁等课程。这些课程会分阶段完成。在医院以及一些专门的机构,都有这样的课程。全套课程学习下来大概需要 1000 元到 2000 元。

有很多新妈妈会询问同一个问题:产前培训课程有必要吗?

其实,进行产前培训课程是很有必要的,因为在女性怀孕之后,生理上和心理上都存在着很多困惑。第一次怀胎的新妈妈们,大多不知道怎么去适应身体的变化,也不知道怎样顺利地转变自己的社会角色,甚至不懂这个角色需要承担的责任与义务。而这些都是需要进行专业辅导的。

不过,太贵的培训班显然没有必要参加。要掌握产前培训课程中的知识有很多种途径,比如下面提到的几种。

 合理利用资源

互联网有多神奇,在此不用过多介绍了。关于孕妇营养保健、孕期心理健康、骨盆操、分娩止痛、胎儿发育、母乳喂养方式、新生儿护理、产后保健、预防产后忧郁等课程的内容,几乎都可以通过网络获得。

一些比较知名的网站如太平洋亲子网、宝宝树、宝宝地带等,都有关于新妈妈孕期需要掌握的知识。

近几年来,孕妇瑜伽备受新妈妈们的追捧。如果报名参加培训班学习该课程,每节课大约需要 20 元。而坚持全部学完,大约需要几百元到上千元不等。如果,新妈妈从网上下载孕妇瑜伽的视频,或是购买光碟,就可以轻松节省这笔培训开支了。

值得注意的是,新妈妈们不要尝试去完成对自己有难度

的一些动作。在家自学孕妇瑜伽时,身旁也最好有人在,时刻关注照应着。另外,如果新妈妈们身边有怀孕的朋友,并且她们还参加了专门的培训班,新妈妈可以向朋友取经。

参加免费培训

新妈妈的培训课程不一定全是收费的。在一些服务完善的小区,会定期开展孕妇培训活动。在妇幼保健中心,也常常会邀请一些妇产科医生来做免费的宣讲和培训。新妈妈有时间都是可以参加的。

另外,某些医院和培训机构也会定期开展一些新妈妈知识讲座,或者邀请新妈妈们去课程体验班免费试听,新妈妈不妨去试一试。

拼团参加培训班

如果新妈妈还是觉得心里不踏实,或者对于免费培训不放心的话,也可以参加收费的培训。在此,新妈妈们不妨采用拼团的方式参加。

在很多大型培训机构和专门医院,孕妇培训课程也是有团购价格的,只要与其他新妈妈一道参加,就可以获得培训班的优惠价。

健康是新妈妈的另一笔财富

曾经有位朋友开玩笑说:"我真怀疑发明手机和电脑的人是什么居心,让我们越来越依赖它们。我真的很难想象,以前没有手机和电脑的时候,人们是怎么生活的。"

在没有手机和电脑的年代,人们依然勤劳地工作、愉快地交往、安稳地生活,花儿依时而开,鸟儿自由飞翔,太阳照常从东边升起来……

然而,20 世纪 90 年代以来,手机和电脑在我国普及之后,我们的生活就发生了翻天覆地的变化。我们放弃了传统的工作、生活和交流的方式,开始尽情享受无线通讯和网络技术带来的视听冲击,并逐渐陷入了这个由电波和磁场编织的世界中。

特别是 20 世纪 90 年代后出生的年轻人,他们是否用过邮票和信封?是否玩过叫"跳房子"的游戏?是否进入过公共图书馆?是否还在使用钢笔和草稿纸?

记得 2008 年地震的时候,我们从家里冲出来,站在安全的空地上。当时,我看到小区里很多人都是带着手机和笔记本电脑逃生的。如果时光倒退 10 年,人们大概会带着身份证、户口本、结婚证和学位证逃生吧。可以想象,对于当下的年轻人来说,手机和电脑有着何等重要的地位。

同样,年轻的新妈妈们,在智能手机和 3G 技术如此发达的今天,有多少人是手机控?网络上有这样一道题:如果要你在一个荒岛度过余生,你只能选择一样东西陪着你,你会选什么?有太多人选择了"手机"。"一手机一世界",我们有了它,就仿佛有了一个世界。

再看看,又有多少新妈妈是网游控、微博控、网购控呢?可是现在,我必须告诉你,无论你是手机控,还是各种网络控,你都必须远离它们。远离手机和电脑,意味着你不可以再随身翻出手机来聊天、搜新闻、看小说了;你不能废寝忘食地玩游戏了;你不能在论坛上继续抢沙发、坐板凳了;你也不能随时随地关注好友的微博了。

给自己几个月"云淡风轻"的日子吧!让八卦新闻从闺蜜的口中传给你,而不是手机;让游戏中的搭档找个像你一样神勇的替身;让未完结的网络小说留个充满悬念的结局;让你的博客粉丝们狠狠思念你一回;把抢沙发、网购秒杀的机会,留给下一代年轻人吧!从现在开始,将你的个性签名改为:"'孕'酿中,请勿打扰"。

那为什么要远离手机和电脑呢?归根到底是为了防止辐

射。其实除了手机和电脑之外，家中的每样电器都有辐射，例如电视、冰箱、微波炉甚至电灯。这些电器在出厂的时候，都经过了检验，符合辐射的安全标准，对人体并不构成伤害，但是，将这些电器产生的辐射全部累加起来，那么就可能对一个孕妇造成威胁了。

辐射可能导致怀孕的你头晕、失眠、心悸，严重的还可能导致流产，甚至是使胎儿畸形，患上白血病、癌症、肿瘤等。因此，为了帮助新妈妈们更好地预防辐射的伤害，我们给出了以下几点建议：

1. 减少手机的使用频率，不要将手机放在贴身处或床头；休息时记得关机，尽量不要使用手机聊天。因为手机在通话时辐射较大，特别是在手机铃响，但尚未接通时辐射最大。建议按下接听键之后，先将手机拿到离身体较远的位置，停顿两三秒，再放到耳边接听。

2. 在怀孕之后尽量不要使用电脑。如果一定要使用电脑，也要控制时间，最好不要超过两小时。另外，尽量不要使用隔离霜，因为隔离霜的化学成分可能渗透皮肤进入到孕妇体内。

3. 新妈妈不要太靠近电器。例如与电视机最好保持 4 米以上的距离，与微波炉保持 1 米以上的距离，与灯管保持 2 米以上的距离。家里的电器摆放位置不要太集中，任何电器都不要用太长时间。

我家的电视买得较早，并不是液晶屏的，平常都把电视放在卧室里。最近，我和老公去商场看过，一台液晶电视大概要4000多元。我们在家很少看电视，没必要花4000多元换台电视。于是，我们决定把电视搬移到客厅，不看的时候就把电视机关掉。

　　要让新妈妈完全生活在一个没有辐射的环境中，是绝对不可能的。相信新妈妈们只要做好以上几点，就能够最大程度地减少生活辐射给新妈妈和宝宝带来的伤害。

　　所以，无论在防止辐射的过程中受到多大的诱惑，新妈妈们都一定要坚持到底，因为我们的理由只有一个——为了宝宝！

　　是的，一切都是为了宝宝。为了宝宝，我戒掉了网络；为了宝宝，老公当上了厨子。

　　在中国的传统观念中，"男主外，女主内"的观念一直盛行至今。人们通常认为老公应该抛头露面在外赚钱，而妻子则应该深居简出操持厅堂厨房，准备一日三餐。不过，现在男女平等了，做饭并不是女人的天职。每个老公都具有当大厨的潜力，其功力的高低还得看妻子是怎么调教的。

　　在此，我们并不需要担心新爸爸愿不愿意为新妈妈做饭，原因有两点：首先，在"80后"、"90后"的小夫妻之中，掌勺的老公还是占了很大的比例。很少有人舍得让自己如花似玉的妻子，长期接受油烟的"熏陶"。其次，新妈妈是个特殊的群体。长期下厨，除了油烟可能对孕妇和胎儿的健康造成影响之外，煤气、天然气的气味也可能对胎儿造成伤害。另外，女性怀孕之后，行动上多有不便，这样增加了滑倒、烫伤、割伤的几率。

妻子怀孕是对老公的一种考验。各位新爸爸们，在你们决定要孩子的那一刻，就应该树立良好的责任意识，新妈妈们的饮食健康安全就是你们光荣而艰巨的任务。那么在怀孕前，新妈妈就应该督促新爸爸们做好功课。

 了解孕妇的饮食规律和禁忌，制订合理的食谱

女性在怀孕期间容易出现食欲不振、挑食或偏食的现象，建议新爸爸们购买一些关于孕妇饮食的书籍或资料，掌握孕妇饮食规律和禁忌。

例如，孕妇是绝对不能喝酒的，酒精很容易渗透胎盘被胎儿吸收，导致胎儿肌体受损；螃蟹、甲鱼、苦瓜、木瓜、杏仁、薏仁、芦荟、咖啡、马齿苋会引发流产或早产；辣椒、红茶、鲨鱼、旗鱼及方头鱼等可能损害胎儿的神经；不宜吃性温高热的食物，例如桂圆；高糖、高脂肪、高钙的食品不宜多吃；酸性食物不宜多吃；生冷食物、油炸膨化食品不宜多吃；碳酸饮料尽量不喝。另外，根据个人的体质，容易导致过敏的食物也要避免。

新爸爸们可能要问了,如此多的禁忌,那还有什么可以吃呢?

适合孕妇吃的水果主要有葡萄、柑橘、柿子、秋梨、无花果、樱桃、草莓、苹果等较温和的水果。适合孕妇吃的食物主要有:菠菜(菠菜中含有大量叶酸)、豆芽、黄瓜、胡萝卜、时令蔬菜、豆制品、杂粮、谷类、花生、鸡蛋、猪、牛、鸡、鸭、鹅,以及水产品、动物内脏等蛋白质含量较高的食物,牛奶、酸奶等乳制品。孕妇还应该多吃坚果。

在此,已经将不能吃的、应该吃的通通罗列了出来,新爸爸们可以根据书籍资料中提供的菜品,以及新妈妈的口味,自行制订孕妇食谱。

 了解食品安全的常识,掌握买菜的技术

自从三聚氰胺出现之后,毒奶粉、毒馒头、毒饮料、地沟油、瘦肉精、问题食用油、致死可乐、嗑药多宝鱼都相继被曝光,食品安全问题越来越严峻。作为新爸爸,需要经常浏览食品安全相关的新闻或网站,获得最新最准确的信息。对于色彩鲜亮、外形美观的食物要加倍留心。

另外,保持孕期的心理健康也尤为重要。

人的健康不仅包括生理上的健康,还包括心理上的健康。随着社会不断进步，人们对健康和幸福的要求越来越高。由于心理疾病导致了许多家庭悲剧，也造成了不良的社会影响，现在，心理健康已经上升到与生理健康同等重要的地位了。

女性在怀孕期间，容易产生各种心理问题和心理疾病。引起这些问题和疾病的因素主要有三个方面：首先是身体方面。由于体内激素的变化，影响了大脑中调节情绪的神经传递素的变化，使孕妇更容易感到焦虑和抑郁。其次，孕妇的家人（特别是老公），如果对其照顾不周，关心不够，容易让孕妇产生孤独、恐惧、不安和绝望的心理。另外，孕妇自身的心理素质和抗压能力，也成为造成心理问题的一个重要因素。

那么，新妈妈们在孕期都容易出现哪些心理问题呢？

据了解，在怀孕初期，强烈的生理变化可能导致心理上的不适应。做母亲的幸福和喜悦，与怀上小孩之后的紧张和焦虑交织在一起，容易产生厌恶妊娠的感觉。同时，恐惧流产、恐惧胎儿畸形，精神高度紧张，甚至会出现失眠的状况。在怀孕中后期，孕妇的适应能力增强了，已经适应了妊娠期间的各种反应，但新的担忧又出现了。这时的孕妇通常会开始幻想分娩的情景，产生对分娩的恐惧感，担心发生意外，担心难产。在怀孕晚期，孕妇的思维和行动会变得比较迟钝，这容易导致孕妇情绪低落，产生自卑、多疑的心理。

一项研究数据表明，孕期中抑郁的发生率为 48.8%，出现焦虑情绪的高达 63.8%。这说明孕妇出现心理问题已经不再是特别情况，而是普遍存在的问题。深知孕妇心理健康的重要性，于是，在朋友的介绍下，我来到心理门诊，准备做一个孕妇心理健康量表。

在心理门诊，我认识了前来就诊的张女士。

张女士在怀孕早期就出现过紧张、焦虑的情绪，当时，在家人的帮助下，她成功克服了这些消极情绪，顺利度过了怀孕早期。

而在分娩前却出现了新的问题。由于张女士的腹部越来越凸出，导致张女士的行动越来越不方便，就算一件小事，也需要在家人的协助下才能完成。这使自尊心较强的张女士感到很不能接受。

在 2011 年 3 月份左右（分娩前两个月），由于工作原因，老公经常加班，回到家之后也一头埋进工作里，跟张女士的交流少了，对她的关心也少了。张女士觉得老公已经不再爱她了，她似乎已经成为了家人的负担，于是，张女士居然作出了离家出走的决定。还好家人及时察觉，并为她请了心理医生。

从此之后，张女士每个星期都会来心理门诊接受治疗。然而，这让她变得过于敏感和焦虑，不仅影响孕期的稳定心情，还影响到孩子的健康发育。另外，心理治疗的费用可不小，拿我自己来说，做一次测试，就需要上百元。张女士的治疗费用是按小时计算的，我一打听才知道，每小时就需要 300

元。连续几个月的治疗,需要上万元。

孕妇的心理是很脆弱的,这需要家人多留心观察她们细微的变化,一旦发现有异常的情况,要及时进行开导,不要让情况恶化,否则只能送往心理门诊接受专业的治疗。心理治疗耗时较长,且不容易完全治愈,在此过程中,不知又要花费多少钱了。

下面我为大家提供一个精神健康网上的心理测试量表,以判断孕妇是否已经患有孕期忧郁症。

表2-1 孕妇心理测试量表

表现	程度		
1. 情绪反常,喜怒变化快	经常	偶尔	从不
2. 坐立不安,注意力无法集中	经常	偶尔	从不
3. 兴趣丧失,很难找到感兴趣的事	经常	偶尔	从不
4. 变得沉默,不愿意说话,不愿意出门	经常	偶尔	从不
5. 排斥家人,希望一个人住	经常	偶尔	从不
6. 对酒精有浓厚的好奇心,希望尝试	经常	偶尔	从不
7. 多疑,凡事都亲力亲为,对身边的人不信任	经常	偶尔	从不
8. 觉得自己衰老、丑陋,失去魅力	经常	偶尔	从不
9. 产生幻觉或幻听	经常	偶尔	从不
10. 莫名伤感,一个人时会流眼泪	经常	偶尔	从不
11. 怀疑胎儿出现了问题,或者怀疑自己有病	经常	偶尔	从不
12. 觉得自己给别人带来了麻烦,增加了家庭负担	经常	偶尔	从不
13. 感觉受冷落,觉得家人并不在乎自己	经常	偶尔	从不
14. 常常感觉疲惫乏力,喜欢睡觉	经常	偶尔	从不
15. 认为人生没有价值,有自杀的冲动	经常	偶尔	从不

以上量表中选择"经常"得 3 分,选择"偶尔"得 1 分,选择"从不"得 0 分,测试结果如下:

0～5 分,表示心理健康,没有孕期忧郁症。

6～15 分,具有孕期忧郁的倾向,需提高注意。

16～30 分,患有孕期忧郁症,建议在家人的帮助下悉心调养。

31 分以上,患有严重的孕期忧郁症,需要专业的心理治疗。

虽然,新妈妈与宝宝的神经系统并没有直接的联系,但是妈妈的情绪变化对宝宝也是有影响的。研究发现,孕妇情绪的波动直接影响胎动的节奏。当胎动的频率过高时,就会对胎儿造成不同程度的伤害,严重者还可能导致流产或难产。如果孕妇长期处于紧张、恐惧、焦虑、忧郁的情绪中,将影响胎儿的下丘脑发育,从而提高胎儿患精神病的几率。

那么,到底该怎么预防孕妇在怀孕期间产生心理问题,怎么保障孕妇的心理健康呢?通过参考专业人士的意见,以及总结各位妈妈的经验,我们归纳出以下几点建议。

 了解新妈妈们在孕期可能产生的心理变化

首先,在怀孕之前做好准备。可以查阅相关的资料,了解怀孕时的各种生理和心理的变化,做到"心中有数"。另外,可以听取"过来人"的意见和建议,将有用的信息记录下来,以备不时之需。

建立良好的心理状态

完善自我的认知能力。相信自己和家人,树立克服困难的决心,学会控制和调节自己的情绪。时常告诫自己:情绪低落会影响到宝宝的健康发育,要保持积极乐观的心态。新妈妈还可以为自己找点事做,例如多看看母婴保健的书籍;做些如十字绣之类的手工活;练习书法、学习茶道等。做些既修身养性,又打发时间的事,以分散注意力,减少焦虑。

学会倾诉和发泄

不愉快的时候要学会倾诉。倾诉对象可以是家人、闺蜜、同事等任何你信任的人。适当参加社交活动,不要把自己封闭起来。参加新妈妈俱乐部等同辈群体或小组,获得群体的经验和支持。

家人要给予支持和关怀

家人特别是新爸爸,要理解新妈妈所面临的生理和心理的变化,给予新妈妈更多的支持和关怀。做到细致、体贴,经常与新妈妈谈心,了解新妈妈的感受和想法。抽出时间陪伴她,带她到室外散步、晒太阳,做适当的运动。当其感到忧郁的时候,要及时开导和安慰,鼓励新妈妈坚持下去。另外,还可以购买帮助孕妇调节心理的光碟或录音带,带领新妈妈做心理体操。

总之,希望新爸爸和新妈妈一起努力,在孕期营造一个良好心境,保证新妈妈的身心健康,顺利生下健康的宝宝。

保持理智，谨防消费陷阱

天上不会掉馅饼，羊毛总是出在羊身上。太多的消费陷阱，很多人都是由于一时的冲动才掉进去的。最近，我就得到了一次教训，在此分享给大家，希望新妈妈们能够避免类似的消费陷阱。

怀孕6个月之后，腹部越来越大。某日我与老公一起逛街，刚好碰上一家影楼做"公益活动"，承诺免费为新妈妈拍照，并赠送6套照片。我当时有些动心了，心想怀孕是件幸福的事，也许这辈子只会经历一次，如今肚子也越来越大了，希望可以留下些照片作为纪念。再加之影楼刚好在做公益活动，现在拍照是免费的，于是我立刻报了名。

第二天，我与老公再次来到影楼，在工作人员的安排下，6套照片很快就拍完了。当我们准备离开的时候，影楼却递上了账单，化妆费、场地费、服装费、造型设计费、道具费共计700多元，我们顿时傻了眼。

用拍照纪念怀孕的想法并没什么问题，不过轻易相信影楼所谓的"公益活动"就有失理智了。要知道影楼不是慈善机构,它是以赢利为目的的,如果打出"免费"的旗号,肯定有陷阱,这种便宜最好不要捡。总结大家在日常生活中上当受骗的教训,我归纳出几点经验,帮助新妈妈们避免掉进商家的消费陷阱。

不要盲目追逐潮流

已经当上新妈妈了,肩上的担子更重了,为了宝宝和家庭,新妈妈们必须树立责任心。宝宝今后的成长、教育还需要新妈妈们贡献出一大笔银子,这就要求新妈妈们在日常的生活中,更好地控制自己的消费欲望,不要为了攀比或追求潮流而浪费金钱。

不要抱"占便宜"的心态

有太多的事实告诉我们,大多数扬言免费的产品或服务,往往不是免费的;大多数有优惠可拿的产品或服务,往往要我们付出更多。因此,不要抱有"占便宜"的心态。如果我们没有想过占商家的便宜,那些不良商家就很难引我们掉入陷阱。

避免一时冲动

　　怀孕之后，宝宝就成为了家庭的核心话题，也成为了最能挑起新爸爸、新妈妈们，爷爷、奶奶、外公、外婆们冲动的那根神经。只要听到是对宝宝有好处的，就算是天上的月亮，他们也有购买的冲动。而往往等到冷静下来，就会发现这些东西完全是多余的、毫无意义的。所以，控制自己的情绪尤为重要。在商家推荐产品或服务时，先给自己一分钟冷静的机会，理性地分析一下，我们到底需不需要它，它的价位到底值不值。当然，建议新爸爸、新妈妈们互相监督，一方冲动了，另一方要想办法让他（她）克制自己。这样一来，就可以避免很多不必要的花销了。

　　另一方面，广告和推销与消费者的关系是很微妙的。在我们准备购买该产品的时候，我们希望从广告和推销中获得更多的信息；当我们拿不准是否购买该产品的时候，广告和推销总能想尽办法坚定我们购买的决心；当我们并没有想过购买该产品的时候，广告和推销又会制造种种诱惑，像魔咒一样唤起我们的购买欲望。我们会发现，即使自己没想过购买，最后还是会为这件产品埋单。

　　这可能就是我们为什么对广告和推销既欢迎又排斥的原因。很多人常常受不了广告的诱惑，特别是女性，只要有人推荐,就会失去理智,最后倾囊而出。

在怀孕前,我是个购物狂。怀孕之后,为了省钱,只好努力克制着自己的购买欲。现在,我已经不会为自己买太多东西了,只是,宝宝却成了我购买欲的另一个引爆点。为了不受广告和推销的诱惑,我从不带太多现金出门,也不会带银行卡。这样就算我动心想买,也没有钱买,那么,遭受损失的可能性自然就减小了。

宝宝快出世了,我想送给他一件礼物。听说小孩子戴银镯子是一种风俗,不仅可以正气排毒,还有辟邪的作用,于是我打算去金银店里先问问情况。恰好,当时还有一位新妈妈在为宝宝定做银镯子。

那位新妈妈在选款式的时候,店员告诉她,现在已经不流行戴银镯子了,来这里为宝宝选礼物的,定做的都是金镯子,金镯子更大气。新妈妈一听,在银镯子的柜台前犹豫了一会儿,就转向了金镯子的柜台。

在店员的推荐下,她定做了一对金镯子。随后,店员又向她推荐了金制的长命锁。据说长命锁吉祥,最适合刚出生的宝宝,戴着很可爱,宝宝一定喜欢。店员还说大家看到这长命锁,就能知道妈妈有多爱这孩子了。那位新妈妈听到这话又动心了,然后就又定做了一个长命锁。本来花费 600 元到 1000 元就可以买一对银镯子作为宝宝的礼物,而她最终花费了近 10000 元。

等她离开商店之后，两位店员又向我这边走来。我赶忙退出了商店，担心受不了店员的热情推荐，花了不该花的钱，最后决定还是去便宜点的店铺看看。

面对强大的诱惑，新妈妈们往往会缺少主见。如果想避开广告和推销的诱惑，可以尝试下面的方法。

有足够坚定的信念

这里说的有足够坚定的信念，并不是要求大家像革命战士一样宁死不屈，而是希望大家在众多的声音中，保持自己的想法，不受外部因素的干扰。

例如，如果你并没有想过购买某件产品，无论别人宣传得有多好多划算，都不要动心。就像案例中的那位新妈妈，如果始终坚持只购买银镯子，那么她最多花掉 600 元到 1000元，不至于最终将花销扩大了 10 倍。

这样坚定的信念是很多女士难以具备的，所以，需要大家平日的不断修炼，改掉性格中软弱和优柔寡断的一面，做个说一不二的人。

巧妙拒绝推销

当你知道自己不具备抵制诱惑的信念时，你可以选择在诱惑来临之前尽快脱身。

例如，有些新妈妈，知道自己常常掉进广告和推销的陷阱中，又没有强大的信念去抵制，于是，她们选择了回避。当有推销员上前推销产品的时候，她们会在推销员开口之前婉言回绝："对不起，我不需要。"如果推销员依旧不放弃，她们会说："对不起，我真的不需要，不管是什么产品，我都没兴趣。"

一般情况下，推销员知道没戏，也不会再继续向你推销了。这种方式是很有效的。因为一旦让推销员开口，把产品吹得天花乱坠的时候，你可能就"难逃一劫"了。

另外，我们还要学会换位思考。这里所说的换位思考，是指将自己设想为推销员。如果你是一名母婴产品的推销员，公司每月给了你销售指标，你必须完成一定的份额才能顺利拿到工资和奖金，这时，你会想什么办法将这些产品推销出去呢？

可能你会这样做：首先，寻找推销对象。既然是推销母婴产品，将孕妇作为对象比较合适。不过孕妇也分很多种，对于那些看上去比较精明的孕妇可能很难推销。因此，你会寻找那些看上去容易犹豫不决、优柔寡断的孕妇。

其次，打动她。你可能会先和对方聊天，试探她的兴趣所在。如果对低廉的价格有兴趣，则可以着重告诉她这件产品的折扣和优惠，让她有种机会难得的错觉。那么，她购买的可能性就比较高了。

最后,为了顺利推销产品,你可能会对产品的优点或优惠有夸张的描述。当卖出一件产品的时候,你不会想这位新妈妈有多开心,她的宝宝有多幸运,你首先想到的会是你的销售任务,你还差多少件没有卖出去,或者你已经超过指标了,能拿多少提成。

这就是销售人员的心态。新妈妈们如果使用换位思考的方法,试演一遍整个推销的过程,就不容易掉进消费陷阱了。

 带个精明的同伴

对于那些完全不知道该拿广告和推销怎么办的新妈妈们,要她们亲自抵制这些诱惑可能太艰难了。一些新妈妈知道购买之后肯定会后悔,可是行为上却控制不住自己。

所以,最后建议大家上街的时候带一位精明的同伴在身边,比如信念坚定的老公,经验丰富的母亲,精明干练的闺蜜,或者有点"抠门"的婆婆。让他们随时提醒你,使你保持冷静,必要的时候帮你作出决定,这样可以避免一时迷糊造成的损失。

第三章 对宝宝下手别太"狠"

表达母爱的方式有很多种,给孩子最好最多最贵的,就一定正确吗?挑选物美价廉的婴儿用品,只买对的不买贵的;尝试亲手为宝宝打造一个温馨的空间,既环保安全又经济实惠;学会利用资源,巧手DIY宝宝专属的爱心小衣服,这样的妈妈是不是更显心思呢?

婴儿房里的大智慧

　　当宝宝快要来到这个世界的时候,新妈妈一定迫不及待地想要为孩子布置一个温馨的空间。

　　婴儿房作为宝宝出生以后成长和玩耍的地方,在将来也会是孩子生活、学习、休息的地方。所以,新妈妈们所选择的风格,会一直伴随着宝宝的成长过程。

　　如果房子不会发生改变,那么,婴儿房的装饰就要随着孩子的成长而逐渐变换。而在这个特殊的空间里,能够主宰一切的就是新妈妈们了。

　　宝宝还有 4 个月就要出生的时候,我开始筹划为宝宝打造一间房间。为了了解更多这方面的经验,我试着在新妈妈俱乐部中引发大家讨论这个话题。恰好俱乐部里有位新妈妈刚刚布置了婴儿房,她很乐意带大家参观她的杰作。那是间简约又充满童趣的房间,从地毯到贴在天花板上的图案,都是她亲自布置的,看上去十分温馨。

　　问到这样的婴儿房需要花费多少钱时,这位朋友腼腆地笑了。装饰房间只花了材料费用,合计不到 2000 元,设计和布置都是她自己动手的,不花钱。

这时,另一位新妈妈林女士说道:"要是早点看到这样的房间就好了。我真后悔啊,前几日我也布置好了婴儿房,花费了近 2 万元,太心痛了。"

听林女士讲,她在怀孕初期,就开始张罗起宝宝的房间。但是在家中并没有专门的婴儿房,所以只能将书房腾出来作为婴儿房。为了将房间变得更漂亮,林女士请来了专业的室内设计师帮忙,设计了几种装修方案,最终选择了具有太空感的方案。

随后,林女士又请来了装修队伍,将装修房间的任务全权交给他们负责。半个月之后,房子交工了,没有林女士想象的那么好,而账单却贵得离谱。装修的材料费、设计方案的费用和装修工人的工资就已经超过了 15000 元。

林女士用如此昂贵的代价打造的婴儿房,却并没有想象中那么满意,回过头来想一想,当初真的有必要请设计师来设计吗?真的有必要将装修任务交给工人全权负责吗?室内装潢是暴利行业,而林女士却因为一时冲动,给了暴利行业牟利的机会。

相信在每个新妈妈的心中,都有无数种婴儿房的设计方案。我们不一定专业,也不一定是最好的,但至少是妈妈们亲自为宝宝设计的,也是这个世界上独一无二的。

如果我们尝试亲手打造一个温馨的空间，宝宝一定会为此感到骄傲的，就算使用最简单的装饰，也比昂贵的设计、奢华的装修好上几百倍。

那么，怎样才能既环保安全又经济实惠地打造好婴儿房呢？我搜集了一些经验，现在就和大家一起分享。

用环保漆和不干胶贴纸打造童话王国

记得年幼时，我曾幻想过住在玫瑰城堡或者水晶宫殿里。相信这些童话中的情景在每个孩子的心里，都会种下一个梦，陪伴他们度过无忧的童年。所以，当我们做了新妈妈之后，也会试图将婴儿房打造成童话王国。

为此，很多人不惜血本，进行豪华装修，利用全墙纸包装墙壁。墙纸确实是一种装饰性很强的材料，它颜色丰富，图案众多，风格千变万化。用其装饰墙面，显得高档又漂亮。但是，大家可知道，在装饰墙壁的材料中，墙纸是最昂贵的。一般情况下，1 平方米墙漆的价格为 20 元至 60 元，而 1 平方米墙纸的价格则在 70 元至 300 元间不等，进口墙纸的价格甚至高达几千元 1 平方米。

另外，墙纸的粘贴工序非常复杂，需要专业的工人来完成；而墙漆则比较简单，自己就可以完成。这样算来，装修一间 20 平方米左右的婴儿房，如果选择较好的墙纸，材料和工钱加起来需要 8000 元左右；但是如果选择较好的墙漆，则只需要 2000 元就行了。

由于婴儿的睡眠时间比较多，几乎每天有 10 多个小时是待在婴儿房度过的，所以，选择适合的墙漆也是相当重要的。

现在市面上售卖的墙漆有很多种类，其中有专门针对婴幼儿的儿童漆。但是，要知道，并不是所有打着儿童旗号的产品对婴儿都是无害的。比如"强生，因爱而生"的美国强生致癌物质检测超标了；比如"宝宝优秀，妈妈成就"的三鹿奶粉添加三聚氰胺了。婴幼儿的免疫力比较低，所以在选购墙漆时，新妈妈们一定要认真比对，仔细审查，确保安全、健康。

低碳环保漆就是相对安全的选择，其价格也比儿童漆便宜。我专门去建材市场询问过，一桶 5L 的低碳环保漆大概需要 200 元，而一桶 5L 的儿童漆则需要 600 元。另外，儿童漆又分为很多种，比如黄金版儿童漆、白金版儿童漆、净味全能儿童漆等。这些儿童漆的价格略有差别，有的价格甚至接近于进口墙纸。

听业内人士介绍，低碳漆已经逐渐成为人们装饰墙面的主流材料。它最大的特点就在于：低污染、低排放、环保。低碳漆并不比儿童漆差，甚至比儿童漆更安全、健康。于是，我决定购买价格实惠、环保安全的低碳漆来装饰婴儿房的墙壁。

在选择墙漆的颜色时，最好选择一些淡雅的、明亮的色

彩(不添加任何颜料的白色墙漆最佳),这样可以让房间看上去更加宽敞、干净。

用低碳漆粉刷房间后,看上去可能有些单调,于是,我们可以对墙面进行简单的装饰。花样和款式丰富的不干胶贴纸就派上用场了。这种贴纸可以在淘宝网上订购,它不仅价格便宜,而且安全美观。

不干胶贴纸的图案比墙纸还要丰富。建议大家选择一些明亮、欢快的图案,比如大自然的花花草草,各种各样的小动物等,也可以选择童话故事中可爱的主人公,各种好看的小房子等图案。这些花花绿绿的东西不仅可以促进宝宝视觉的发育,还可以让宝宝保持愉悦的心情。当然,记得在装饰墙壁的时候,也要装饰好天花板。宝宝躺在床上时都是向上看的,在天花板上贴上好看的图案,会让宝宝更加愉快。

只要新妈妈们有好的创意,怎么搭配都是可以的。另外,贴纸还有一个好处就是可以随时更换。随着宝宝的成长,随时调整图案的样式和高度,让宝宝的房间永远都新意连连。要特别提醒新妈妈们的是,贴纸的图案一定要选择积极健康、活泼可爱的。如果是人物图案,就要选择面目和善的,千万不要吓到宝宝。

由此可见,只要在选择材料上多下点功夫,合理搭配低碳漆的色调和不干胶贴纸的图案,不仅可以节省装修成本,还可以轻松打造出明亮、愉悦、梦幻的婴儿房。

布置柔软的地面

婴儿房的地面尤为重要，它必须方便宝宝的爬行，也能让刚学习走路的宝宝，在摔倒的时候不至于受伤。这就要求地面必须是柔软的、防滑的。

在装修婴儿房时，建议大家避免使用大理石等石材地面。因为这种地面太硬，宝宝摔倒后容易受伤。而且，大理石和花岗岩包含的放射性物质较多，会造成室内污染。再者，大理石地板的造价非常高，每平方米需要 200 元至 600 元不等。

为了追求地面的柔软度，有些新妈妈会选择塑胶拼图地板，然而，这种地板是绝对不能在婴儿房使用的。虽然它相对柔软，价格低廉，但它释放出的挥发性有机物，会严重影响宝宝的健康。如果条件许可，安装质地较柔和的软木地板，或者易清洁的强化地板，都是不错的选择。

如果家里已经安装了质地坚硬的地板，仅仅为了宝宝，在婴儿房大兴土木，重新安装地板，就不划算了。此时，可以选择一款地毯来改善地板的硬度。

受到"轻装修重装饰"的理念影响，越来越多的家庭会选择地毯作为地面的装饰。好的地毯不仅可以美化室内的环境，还能吸附空气中的微尘、降噪吸音和保温吸湿等。

婴儿房中的地毯不仅可以作为新妈妈和宝宝嬉戏的场地,还可以让刚学步的宝宝不至于受伤。很多妈妈喜欢选择厚重型的毛纺类地毯,她们认为这类地毯一来重力较大,可以防止地毯在地面上滑动,避免宝宝和母亲摔倒;二来较厚的地毯更加柔软,玩耍时能更好地保护宝宝。

　　其实,地毯最好不要选毛绒类。因为它上面的凸起物很多,容易被宝宝误食。另外,厚重的毛绒地毯不利于清洗,容易滋生螨虫和造成细菌污染。

　　最适合婴儿房的是耐腐蚀、耐污染、易清洗的地毯,比如合成纤维的地毯,以及纯棉的地毯。一款毛绒地毯动辄需要几千元,而同样大小的纤维地毯或纯棉地毯只需要几百元。如果新妈妈担心纤维或纯棉地毯的重力不够,不能很好地防滑,可以用家具压住地毯的四个角,让它不至于在地面上滑动。

动手装修弥补不足

　　适当的运动有益于新妈妈的健康,所以妈妈们可以尝试亲自动手装修婴儿房。从选材料到最后装修完成打扫房间,如果新妈妈们都亲力亲为,不仅可以节省上万元的开支,还能在装修中找到乐趣,增进与宝宝的感情。

　　装修婴儿房并不是一件急于求成的事情,新妈妈们可以在躺椅上慢慢思量;购买好地板之后,就找专门的工作人员来安装;选择好环保漆,可以让老公粉刷。当房间敞过一两个月,新妈妈们再进入房间细心布置。等到宝宝降临时,一切不都是刚刚好吗?

挑选物美价廉的婴儿用品

挑选婴儿用品是很多新妈妈乐此不疲的事情,也是让很多新妈妈、新爸爸苦恼的事情。如今,婴儿用品层出不穷,有的新产品甚至叫不出名字,也不知道该怎么用。该如何挑选这些婴儿用品?哪些是必须的,哪些可以不用买?是不是一定要选择进口的?什么样的价位比较合适,怎么做可以买到更便宜的呢?当这些问题接踵而来的时候,新妈妈们可能就容易乱了方寸。

我就有这样的困惑。离预产期还有几个月,我已经迫不及待开始准备宝宝的用品了。我自认为是购物高手,在商场逛了一圈后,将每家专卖店的婴儿用品都作了比较,并试着和店家周旋价格,最后以 9 折的优惠入手了婴儿床、床上用品、护理用品和喂奶器具等,总共花费了 2000 多元。

在商场不打折的时候,能获得 9 折的优惠,我对自己的战果感到很满意。不料一周以后,同是新妈妈的朋友也去了那家商店,并没有和店家周旋,就轻松获得了 5 折的优惠,并且还得到了店家送货上门的服务。

我十分受挫。原来,朋友是在圣诞节打折的时候购买婴幼儿用品的。看来选择好时机,也能得到优惠。

我在购买婴儿用品上吃了大亏,于是,我将此教训告诉了俱乐部里的新妈妈朋友们。经过大家的讨论,我总结了一些经验和技巧。如果大家能够事先掌握购买婴儿用品的技巧,就可以有效节省开支了。

列出详细的购物清单

奶粉、奶瓶、尿不湿、纸巾、床上用品、衣服、护肤品、保健品、鞋子……婴儿用品实在太多,很难一一列举。但是,并不是市场上存在的每一种用品都是宝宝必需的,例如婴儿枕头、吸鼻器、喂药器、多功能背带等,这些物品都是没有必要购买的。

另外,还有些物品是现在不用急于购买的。在宝宝出生之前,新妈妈只需要准备立刻用得到的物品就行了。这些物品可以咨询已经当妈妈的朋友,也可以咨询医生,还可以直接在网上搜索婴儿用品购物清单。

我搜集了一些意见,在此将需要准备的物品罗列出来,供大家参考:1.床上用品,包括婴儿床、床垫、床单、枕头、棉被、毛毯、蚊帐、防湿尿垫等;2.洗浴用品,包括浴盆、浴托、浴

巾、中性肥皂或沐浴露、洗脸毛巾、棉球、爽身粉等;3.尿布,包括棉布尿布 20 块以上,纸尿裤 4～5 包;4.婴儿衣物,包括棉质内衣、上衣外衣、连体装、手帕、鞋袜等;5.喂奶器皿,包括大奶瓶 6～7 个、小奶瓶 2～3 个、奶瓶消毒锅、奶瓶刷、吸奶器等;6.护理用品,包括温度计、体温计、消毒棉花、酒精、棉球等。

谨慎网购

网购是目前发展最快的一种购物方式,新妈妈可以尝试利用这种方式来购买宝宝的用品。因为,网店中的物品一般会比商场中的便宜,不过,在质量上并不是完全可以放心的。

所以,在网购的时候要有选择性。例如,新妈妈可以选择淘宝商城中的物品,由于商城管理更加规范,其中的商家普遍具有良好的信誉,那么,我们所购买的物品也就比较有保障。另外,也可以在淘宝普通网店中选择信誉较高的卖家,或者在店铺街中选择排名靠前的淘宝店。还可以在淘宝网中选择新开的店铺,新店铺虽然还没有积累到高信誉,不过为了较快的发展,新店铺一般会向客户提供更优惠的价格和更周到的服务。

无论是选择什么样的店铺、什么样的产品,都要事先询问店家详细情况,并认真查看产品的评价,做足功课再下单购买，以免后悔。

懂得欣赏国货

"外国的月亮总比国内的圆"，这是很多新妈妈的观点。我们并不能武断地说这是崇洋媚外，因为，国内产品出现的一些质量问题，让新妈妈们心有余悸，所以才寄希望于国外的产品，误以为国外的产品就一定安全可靠。

自从三鹿奶粉出现问题之后，我选择婴儿用品时，都会首先考虑进口产品。只要是进口的，就算那些品牌我没有听过，也会大胆购买。

前些日子，我又在网上代购了三罐美国产的奶粉，总共花了500多元。后来看到有网友在论坛中爆料，这个品牌的产品并不合格，还提供了证据，证明该产品被列为问题产品，生产厂家为无生产许可证的投机商家，现已被查封了。

其实，外国货不一定就比国货好。每个国家都存在产品质量问题。产品的好坏与国籍无关，或许现在你手里拽着的外国品牌的物品，正是"Made in China（中国制造）"。

国货也有它的优势：首先在价格上，国货价格便宜，这点具有压倒性的优势；其次，国内生产和设计的产品可能更适合国人的体质。如果抱着欣赏的眼光去看待国货，就会发现其中不乏一些价廉物美的产品。

旧物变新宝——学会利用资源

同事尚女士的宝宝要出生的时候,全家人都积极准备着宝宝的用品。

我也准备了一份礼物送给宝宝。不过,听尚女士说,家里的婴儿用品已经很多了。亲戚朋友们都纷纷送来各种礼物,诸如婴儿浴桶、银镯子、婴儿服装等。

尚女士告诉我,什么都不要送了,她都准备齐全了。为赠送婴儿物品这件事,她自己惹了不少麻烦,现在提到"婴儿车"三个字就生气。问其原委,我才知道,原来事情是这样的。

尚女士一家是普通的工薪阶层,固然是买得起婴儿车的,但总觉得有些浪费,对要不要购买婴儿车一直都犹豫不决。好心的婆婆也觉得这笔花销不值,便将自己女儿家那辆旧婴儿车拿来送给了尚女士。

当时,不懂事的小侄儿恰巧在一旁,忍不住问奶奶,为什么要把自己的婴儿车送给还没出生的小弟弟。虽说童言无忌,但尚女士还是觉得难为情,于是,断然拒绝了婆婆的好意。她觉得凭借自己的经济能力，也不至于让宝宝用别人用过的东西。第二天，尚女士一狠心便在商场买了一辆崭新的豪华婴儿车，花费了 1000 多元。

尚女士的冲动行为让全家人难以理解，也再没有人敢提出把闲置的婴儿用品送到尚女士家了。此后，她不得不独自为所有婴儿用品埋单，浪费了不少钱。

尚女士的经历让我想到在论坛里认识的另一位新妈妈——袁女士。在分享省钱经验的时候，袁女士向大家讲述了自己的故事。

袁女士怀孕的时候，就积极准备需要的东西。家里的亲戚朋友纷纷献计献策，有的人甚至直接将自己当年养宝宝闲置下来的东西送到了袁女士家。袁女士一边感谢，一边细心挑选，将还能改造利用的都一一进行了粉饰换新。包括婴儿车，也是她侄儿去年用过的，只需要更换一下婴儿车上的遮阳棚就好。夫家大嫂还送来了一些衣物，小孩子长得太快，没来得及穿，就一直搁在衣柜里。通过袁女士细心的洗晒，这些小衣服变得柔软而清香，正适合皮肤娇嫩的宝宝。还有袁女士在冬季穿的孕妇装，也是别人赠送的，整个孕期袁女士过得有条不紊，不仅准备好了宝宝需要的物品，还节省了一大笔开销。

同样是为宝宝准备婴儿车，两个新妈妈却有截然不同的做法。尚女士的心情很多新妈妈也有共鸣。在她们年幼的时候,家里可能也有几个兄弟姐妹,那个年代经济条件有限,不可能每个孩子都能穿新衣服。家里常常是大姐穿过的衣服留给二姐穿,二姐穿过了又传给三姐……现在生活水平已经提高了,自己受过的苦怎么能让自己的孩子再受呢?所以无论物价多高,经济多拮据,也一定要给宝宝买新的。别人有的,自己的宝宝也必须有。因此,当婆婆送来二手婴儿车的时候,尚女士才会有如此反应。

仔细想来,尚女士的想法和行为确实有点偏激了,不能将自己的感受移情到别人身上。婆婆也是爱孩子的,送来二手婴儿车是为了帮家庭节省一些开支。再说,二手的物品不一定就不好,很多年轻的妈妈们还特地去二手市场挑选。将二手婴儿车进行消毒处理,既实用又省钱,何必辜负婆婆的好心,跟自己的钱包过不去呢?袁女士的做法是值得我们提倡的,变废为宝不仅节约、环保,还可以让生活多姿多彩。

那怎么变废为宝呢?新妈妈需要注意以下两个环节。

学会收集二手货

随着人们的审美观不断变化,对于"潮流"一词有了新的定义。当父辈的回力鞋、海魂衫再次穿到现在的年轻人身上,并变成潮人标志的时候,我们知道,复古和怀旧也可以是潮流的一部分,所以,从现在开始为宝宝准备一件"潮物"吧。这些潮物的材料就来源于我们生活中的二手物品。

收集二手物品主要有以下三种方式。

第一，新妈妈将自己家中已经被淘汰的，但是今后可能派上用场的物品统一储存起来。例如家具、电器、床单、窗帘等。

第二，收集亲戚朋友的二手物品。不要觉得难以开口，如果他们淘汰的东西对于你来说还有价值，他们会主动贡献给你的。例如，在怀孕的时候，可以问问身边的亲戚朋友，有没有二手的婴儿车、婴儿床、二手玩具、书籍等。如果他们有且愿意送给你，你就将它们清洗干净并做消毒处理，然后分门别类地存放在一起。

第三，到二手市场淘宝。这里的二手市场不仅包括实体市场，还包括网络虚拟市场。例如百姓网、淘宝网、赶集网等。你可以浏览别人发布的二手闲置物品的信息，也可以发布自己需要的物品的信息。建议大家选择同城交易，不仅可以省下运费，还可以现场验货，以免上当受骗。

学会改造二手货

并不是每件二手货拿回家后都可以直接派上用场的。例如我自己用过的婴儿车，已经收藏 20 多年了，早已掉漆，如果不加以改造，怎么可以给宝宝使用呢？所以新妈妈们还得有个灵活的脑子,有双巧手,将二手的婴儿车、婴儿床进行翻新,重新弄一些简单的装饰,把经过改造的二手物品变成孩子的一手宝贝。

二手货确实省钱,不过有些物品不要使用二手的。例如宝宝的内衣物、被褥这些贴身的物品,还有宝宝的餐具、洗漱用具等。为了避免细菌或病菌传染,最好购买或定做新的。

堆东西不如堆钱

逛婴儿用品店似乎成了很多新妈妈的乐趣。只要看见漂亮的小衣服，不管是裙子还是裤子，都会紧紧拽在手中，舍不得放下。要是商家推出新产品了，肯定会买一个带回家放着。久而久之，家里就成了堆放婴儿物品的小仓库了。

几个月前，我刚怀孕，老同学小张也怀孕了，她邀请我到她家去参观她买的婴儿服装。到了她家，我还以为自己来到了母婴商店，婴儿用品到处都是。小张兴高采烈地告诉我，购买婴儿用品是她的乐趣，她已经是家附近的几个婴儿用品店的常客了。

小张的老公一度劝阻她不要买太多的婴儿用品回来，不仅浪费钱，还可能不实用。而小张宁愿少喝些牛奶，少吃钙片，也要"孜孜不倦"地购买。特别是婴儿衣服，短短几个月，她已经买了上百件。无论是男装还是女装，只要她觉得可爱的，都会买回家放着。每件婴儿服装的平均价格为80元到200元，算下来，仅花费在衣服上的钱，就已经上万元了。

几个月后,宝宝出世了,一看是个男孩,家里堆积的40多件女孩的衣服,都不能派上用场。之后,小张挑了些衣服送给我,然后把其他的放到了朋友的格子铺里低价处理。剩下的男装,孩子还没来得及一一穿过,就因为太小而不能穿了。这样一来,白白浪费了数千元。

大家不要觉得小张的做法有些不可思议。其实在宝宝还没有出生前,很多新妈妈都会买好一大堆东西,使整个婴儿房的储存空间被占据得满满的。一般来说,很多东西都是可有可无的。最基本的用品不外乎是宝宝的寝具、衣物、尿片以及喂食工具,将这些物品准备个一到两份就足够了。

换个角度思考,婴儿物品并非短缺资源,如今购物如此方便,有什么婴儿物品是用钱买不到的?所以实在没有必要事先将这些物品堆积在家里。下面有几点建议,提供给喜欢堆积婴儿物品的新妈妈们,希望对你们有一定的启发。

 保持理智的爱子心态

没做过母亲的人很难想象母爱会有多么无私。全天下的母亲似乎都有这样的心态:宁可亏待自己,也不能亏待孩子,我要将最好的留给我的孩子。

很多新妈妈将这种爱发泄在购买婴儿物品上,认为买得越多就越爱孩子,恨不得将整个百货商场都塞到孩子手中。

这种心态发展到最后甚至变成了一种强迫心理，只要看到好看的就会忍不住买回家。这样往往会造成不少浪费。因此，保持一个理智的心态十分重要。

不要盲目购买

在小张的案例中，她并不知道宝宝是男孩还是女孩，却买了上百件婴儿服装，导致了极大的浪费，这就是一种盲目的购买。为了避免盲目购买，新妈妈们要经得住婴儿物品的诱惑，即使它漂亮得像童话故事里的小王子和小公主，即使它让你想象到宝宝出生后的模样，即使它让你觉得这是为你的宝宝量身定做的，你也要保持冷静。

购买之前，不妨问自己几个问题：这些东西有什么用，是必需品吗？宝宝是男孩还是女孩，个头是大还是小，现在购买合适吗？这些东西能自己动手制作吗，能淘到二手的吗，可不可以不花钱就能得到呢？认真思考这些问题，相信你能找到答案。

亲戚朋友的赠送纳入考虑范围

要知道，你和宝宝不是孤立于这个世界的，有很多人一直关注着你们。除你之外，亲戚朋友们都爱着这个还未出世的孩子,比如孩子的爷爷、奶奶、叔叔、阿姨,大家都在思考该为孩子买点什么礼物。

总结大家的经验教训,我就没有买太多婴儿物品,只准备了几件婴儿的衣服、两三条毛巾、两套餐具、一张婴儿床。在怀孕期间,亲戚朋友们纷纷来探望,每次都带来很多礼物。时间久了,差不多什么东西都备齐了。大到学步车,小到玩具,甚至是宝宝尿不湿、爽肤水都有了。这样一来,着实省了不少钱。

少买婴儿玩具

玩具是孩子童年生活中最重要的伙伴,无论是在心理上还是在生理上,都对孩子起着潜移默化的启蒙作用,因此有必要为孩子准备一些玩具。

如今的玩具不再像我们小时候的玩具那么简单、便宜了,价格成百上千的婴儿玩具比比皆是,品种也琳琅满目。要知道有些玩具虽然打着"婴儿玩具"的旗号,但不一定适合婴儿玩耍。例如带绳索的玩具,如果缠绕在宝宝的身体上,很容易导致肌肉缺血坏死;还有体积较小的玩具,可能被宝宝误食;金属类的玩具也是比较危险的,它既可能割伤宝宝,又可能产生有毒有害物质威胁宝宝健康;另外气球类的玩具容易发生爆炸,也不适合给宝宝玩耍。

以上提到的这些玩具不仅价格不菲,还可能威胁宝宝的健康和安全,建议新妈妈们不要购买。

　　最适合宝宝的应该是益智类的玩具。这类玩具在网上可以购买,价格相对便宜,不过也不用购买太多。由于宝宝在不断成长,行为动作和思维能力都在不断发展,现在购买的玩具不一定适合长大一点的宝宝。等宝宝身体和智力水平发展到一个新阶段的时候,会有更适合他的玩具。

　　爱子心切能够理解,不过储存物品实属浪费。如果真想让宝宝拥有更好的生活,就努力为宝宝存些钱吧,未来能够派上用场的地方还有很多。

每个妈妈都有双巧手

"慈母手中线，游子身上衣。"自古以来，为孩子缝缝补补就是慈母的标准形象。精湛的手工技艺被看作一种艺术，而平凡的家庭手工，体现的则是浓浓的温情。不过，时代毕竟不同了，在工业化水平较高的今天，哪一样日用品不是机械生产的？正因为如此，传统的手工技能才逐渐被淡忘，很多女性连穿针引线都不会了。

庆幸的是，依然有部分女性热爱针线活，她们喜欢亲手制作一些可爱的物件送给亲人或朋友。尤其是做了新妈妈之后，对宝宝的爱溢于言表，只能包含在这一针一线之中了。

说到针线活，我想到了秦姐，她是个心灵手巧的新妈妈，值得大家学习。

秦姐怀孕之后，在家做了全职新妈妈，为了打发无聊的时间，有时也会做一些针线活，但只限于挂在提包或者手机上的小挂件。直到有一天，看到新爸爸买回的婴儿衫，秦姐突发奇想：要亲自为宝宝缝制一件舒适的衣服。

从来没有做过婴儿服装的秦姐说干就干。她买了一本关于制作婴幼儿服装的书，并网购了一些质地柔软、颜色鲜亮的棉布。家里的书桌成了秦姐的工作台，母亲的老式缝纫机也被搬了过来。她按着自己的构想开始制作，虽然过程比较曲折，但最后还是做出了一套小衣裳，亲戚朋友见了都觉得很不错。

　　初次尝试成功之后，秦姐越做越起劲了。接下来她又购买了些漂亮的花边和小纽扣。收到货物之后，她首先对布料进行分类裁剪；缝制好以后，又用花边装饰了一下衣袖和衣领；最后，点缀上卡通图案的小纽扣。这一次的宝宝衣服就更加令人爱不释手了。

　　剩余的边角料，秦姐也没有浪费，她按着书上教的做法，制作了些布艺手工饰品。这些饰品可以挂在婴儿床上，也可以悬挂在天花板上，既实惠又美观，就算不小心碰到了，也不会伤害到宝宝。

　　完工后秦姐粗略计算了一下，纯棉的布料每米 20～60 元不等，加上花边和纽扣，一件衣服的成本大约为 40 元，和新爸爸买回的婴儿服一比较，便宜了好几倍。这些小衣服不仅便宜安全，而且一针一线都包含着她对宝宝的浓浓爱意。

　　如今，秦姐将那本书送给了我，还向我推荐了几家卖布料的网店，说若是有不明白的地方可以请教她。

　　我的预产期在春天，为了能让宝宝有一个温暖舒适的睡眠环境,我决定亲自为宝宝缝制被褥。和老公商量之后,我们贡献了前几年买的夏凉被,将它清洗干净后,进行了消毒处理。另外,我还托乌鲁木齐的好友,捎来了干净舒适的上好棉花。

按照秦姐的提示,我首先将夏凉被裁剪成等大的矩形,并缝合矩形的三面。然后,将棉花均匀地铺到其中,并缝好最后一面。为了让棉絮在洗晒时也能均匀地铺散在被套中,按照夏凉被上的缝制纹路,我再次密密地走了一趟针线,很快便制作出宝宝的小被子。

以上提到的,只是一些简单物品的制作方法。如果你愿意动手,不管是衣服、鞋帽,还是围嘴、肚兜、奶瓶套,只要你想得到的,都可以一针一线做出来。

其实,还有很多宝宝的物品都可以尝试自己制作。例如,我和老公将废弃的实木家具切割成块,然后拼装了一张婴儿床。这张床与普通婴儿床最大的区别就在于,它可以根据需要伸长或缩短。当宝宝长高一点的时候,就可以在床尾添加几块木板,重新拼凑,然后加固,使床变长,这样就不用换床了。

还有诸如玩具、识字卡片、绘图本、手工剪纸等,都是可以自己亲手制作的。只要新妈妈充分发挥想象力和创造力,就能为宝宝准备更多的惊喜。

当然,制作这些物品的技巧需要自己摸索,也可以请教有经验的朋友,还可以参加一些针对新妈妈们开办的手工培训班。有些妇幼网站还会组织新妈妈们一起交流手工。通过这些针线活,我们不仅可以节约婴儿用品的成本,还可以更早地建立良好的亲子关系。当宝宝知道,他的被子、衣服、鞋子、玩具都是妈妈亲手制作的,一定会感到很幸福。

生个健康宝宝，我有省钱高招

如果说应付怀孕就像打一场大仗，那么，最后的分娩阶段就是这场仗的收官之作了。是否能有个漂亮的收官，就要从选择分娩的医院开始。

当我们打开浏览器搜索分娩医院时，出现的搜索结果大多数都是医院的广告。在网络被各种各样广告充斥的时代，我们似乎已经不再迷信广告了。

今天，我们还可以相信什么？相信那句俗话"便宜没好货，好货不便宜"，然后选择最贵的医院吗？

当然不是，太多的事实告诉我们，便宜是有好货的。关于这一点，作为淘宝高手的你，可能比我更有体会吧。最贵的不见得就是最好的，做营销的朋友会明白这个道理。营销高手正是击中了消费者在消费心理上的这个软肋，才可以将二流的产品或服务，成功地卖到一流的价格。

所以，我们到底应该怎么做，才可以选择一家价格公道的好医院呢？下面我就来逐一解答一些大家心中的疑问吧。

小医院还是大医院？

　　提到小医院和大医院的问题，我想到一位网友——杨女士。在选择医院上，她可是走了不少弯路。现在与大家一起分享这位朋友的经验教训，希望对新妈妈们有所帮助。

　　眼看宝宝就要出生了，杨女士和老公却在选择医院上发生了分歧。老公觉得生孩子是头等大事，必须去三级甲等的大医院，毕竟大医院更让人放心。但是，在杨女士居住的小县城，并没有三甲医院，只有几个二级医院。如果要到三甲医院生产，还需要坐车到市中心。这样算下来，不仅医疗费要花费很多，来回的车费、住宿费也是一笔不小的开支。

　　对此，杨女士坚决反对，她建议去同事介绍的临近的医院生产。那个医院虽然规模小点，但是离家近，再说医院的历史也算悠久，好几个同事都向她推荐过。

　　对于这个问题，夫妻二人一直争执不下，最近竟然上网发帖，发动网友为他们评理。

　　在此，我比较赞同杨女士的观点，因为，现在很多大医院都出现了"一床难求"的局面，有些大医院甚至需要提前一个月排队挂号。这都源于大家对大医院的过度信赖。

　　每年4～6月正是孕妇分娩的高峰期，建议大家这个时候不要到大医院凑热闹。否则，你可能面临两种状况：找熟人帮忙挂号,你得花费不少人情费;床位不够,得花钱加床,甚至还有可能被挤到楼道的临时病床上休息。这些费用很可能超过你的预算,何必花费冤枉钱呢?

选择就近的二级医院或是社区医院是很明智的。首先,二级医院和社区医院的生产费用明显少于三甲医院。其次,由于在规模较小的医院生产的人相对不多,不存在排队挂号和床位满员的情况。最后,从开始怀孕到分娩,最好是一直定点去一家医院,那么,选择临近的医院,有助于及时解决突发问题。

选择规模较小的医院虽然省了一笔钱,不过还是需要提高警惕,多征求别人的意见,以便全面了解这家医院是否专业,信誉是否良好。

 私人医院还是综合性医院?

几年前,新妈妈们几乎都是到综合性医院生产的,到私人医院的还比较少。现在,私人的妇产医院越来越多了,它们以设备更先进、服务更专业、产房更舒适的优势著称。当然,这些专门的妇产医院的价格一般会比综合性医院高出 1/3 左右。

我认识一位新妈妈——王女士,在分娩的时候发生了意外,差点造成严重的后果。究其原因,正是选择了不恰当的医院所致。那么，在王女士身上到底发生了什么事情呢？我们一起来看看。

王女士在生产的时候，选择了专门的妇产医院，虽说价格贵了40%，但是环境幽雅，设备先进。刚开始，王女士还是觉得比较值的，不过分娩之后，意外却出现了。王女士突发高烧，连续的高烧让妇产医院的医生们束手无策。眼看情况危急，在家人的同意下，王女士被转入了综合性医院。

在综合性医院里，王女士被诊断为急性肺结核、胸腔积水。在医生的及时治疗下，王女士的病情终于得到了控制。然而，这次转院却让家庭多负担了2000多元的费用。

从这个案例中我们可以看到，选择在综合性医院生产，可能比在私人的妇产医院生产更明智一些。理由主要有两点：第一，私人医院的价格昂贵。对于新妈妈而言，待产期间需要的真的是那些高级的服务吗？显然不是。轻松安静的环境、体贴关怀的家人，肯定比贵宾似的服务更切实际。第二，私人医院是专业性较强的医院，当孕妇出现综合病症，需要全科会诊的时候，这种专业性较强的医院可能难以应对。而综合性医院不仅有专门的妇产科医务人员，还有应对各种疾病的各科室的医务人员，这对孕妇生产前后的安全更有保障。

什么价位比较合理？

很多新妈妈会问，在医院生孩子到底什么价位最合理？对于这个问题并没有标准的答案。现在，大陆新妈妈们流行去美国、香港生孩子，这是为什么呢？有人说便宜，有人说拿到美国国籍就能享受良好的社会福利。其实，在美国生孩子大概需要 25 万元人民币，在香港生孩子需要 30 万元人民币。对于家庭经济条件非常好的人来说，算是便宜，但是对于大多数工薪家庭来说，这绝对是个天文数字。

那么，在大陆生孩子要花费多少钱呢？有人说 2 万元，有人说 10 万元，有人说 4000 元，甚至有人说 1000 元。这些都是由地域、时间、选择的医院、是否购买生育险等因素综合决定的。要问什么价位最合理，则需要根据家庭的实际经济状况来考虑，同时坚持"不选贵的，只选对的"的消费原则。只要做到了以上两点，什么样的价位，对于你的家庭来说都是合情合理的。

另外，社保中含有生育保险。只要新妈妈办理过社保，劳动和社会保障局（社保局）会发放一张医保卡或市民卡。一般情况下，连续缴费一年以上，就可以凭借此卡报销一部分医疗费用，或者根据医院开立的发票到社保局报销费用。

有的地区还规定了社保报销的定点医院，新妈妈们优先选择在这些定点医院里分娩,可以节省很大一笔开支。如果没有指定医院,则在本地域内一般的综合性医院都可以报销,只有私人医院不在报销的范围之内。

举个例子,如果你在单位购买了社保,你在怀孕期间的产检费用就可以全部报销,之后在综合性医院进行分娩,凭借医保卡可报销部分费用。出院之后,你还可以带上相关的证明材料,到社保局领取一次性生育津贴数千元。例如我办理的保险,就可以报销90%的生产费用。也就是说,如果在生产的时候,我花费了3000元,则只需要自理其中300元的费用就可以了。

当然,生育费用报销的比例是因地而异、因人而异的。有的新妈妈在报销之后,还是花费了几千元;而有的新妈妈在报销之后,只花费了几百元,甚至几十元。具体的报销比例和报销方式可以咨询当地社保部门。

这些可能要令全职太太们羡慕了。如果没有购买社保,是不是不能享受国家的优惠政策呢?我国社会保险法从2011年7月1日开始实施:全职太太也可以报销生孩子产生的医疗费用。全职太太没有购买社保,但是其老公购买了社保,则可以按规定报销生产费用,不过不能享受生育津贴。

现在,各种各样所谓的高端产品和服务充斥着我们的生活,例如高端服饰、高端化妆品、高端汽车、高端娱乐场所……就连到医院生孩子也有高端生产服务。

某些医院推出了别墅产房。其环境优美,设备齐全,装修豪华,提供全天 24 小时一对一的服务。在这样的别墅产房中 3 天需要 1～2 万元的费用, 还有高达十几万元的天价产房。对于大多数家庭来说,这样的高端产房肯定是望尘莫及的。

虽然并不是每家医院都有别墅产房,但几乎每家医院都会把产房分为几种规格。例如 VIP(贵宾)产房、普通产房、经济产房等。不同规格的产房价格差别是很大的,从几十元到几千元不等,因此,选择产房的时候也需要保持头脑的冷静。

随着医疗技术的不断发展, 产妇分娩的方式更加细化,选择更加丰富。目前,分娩方式主要包括自然分娩、剖腹分娩、水中分娩、无痛分娩、坐姿分娩、导乐分娩和人工引产这 7 种。在此,我将向新妈妈们详细介绍这些分娩方式的特征以及所需要的费用。

自然分娩

自然分娩又称为自然顺产,是指自然等待阵痛的到来,不借用任何人工干预手段, 让胎儿从阴道分娩出来的方式。这种方式适合 24～28 岁的产妇,她们在生产前身体状况良好,且对自然生产充满信心。自然分娩后 3～5 天即可出院,所需要的费用一般在 1000 元到 3000 元之间波动,不同的地域、不同的医院可能会有所差异。

 剖腹分娩

剖腹分娩是利用手术的方式,切开腹部和子宫,从母体中取出胎儿,从而完成生产。如果一切顺利的话,剖腹产需要5～7天后才可以出院,且费用一般要高于自然分娩的费用,正常情况下,价格波动区间为3000元到5000元。

水中分娩

水中分娩是近些年来逐渐成熟的新型分娩方式,也是顺产的一种。为了减轻产妇在顺产过程中的分娩疼痛,医生会安排产妇在浴缸中浸泡温水,等到宫口基本张开后,再回到产床上完成分娩。

水中分娩适合20～30岁的产妇,怀有双胞胎或多胞胎、有流产史的、早产的、胎儿超过7斤重的产妇都不适宜做水中分娩。水中分娩的费用就是在水中待产的费用加上产床上顺产的费用。根据选择的浴缸不同（进口浴缸或者国产浴缸）,其价格差异也比较大。正常情况下,水中分娩的费用为3000元到7000元不等。

 无痛分娩

无痛分娩是指在阵痛来临的时候,利用药物性或者非药物性的方式实现镇痛的效果,在一定程度上减轻产妇的痛苦。无痛分娩适合的人群比较广泛,不过有药物过敏、心脏病或者外伤史的产妇不适宜无痛分娩。

无痛分娩有许多好处,对于产妇和胎儿都不会造成不良的影响,但是由于无痛分娩的费用比较低廉,一般只会在顺产的费用上增加几百块钱的镇痛费用,而医院的工作量却倍增,所以很多医院是不提供无痛分娩的。

坐式分娩

坐式分娩是顺产的一种特殊方式,这种方式已经有较长的历史了。坐着分娩不仅可以缩短产程,还可以减轻产妇的疼痛和紧张感,使产妇用最舒缓的体位完成分娩。坐式分娩需要专门的分娩台,分娩台的价格高至上千元,总费用一般介于自然分娩和剖腹分娩之间。

与坐式分娩相似的还有卧式分娩、跪式分娩、站立分娩等,其费用相差不大。不过目前坐式分娩并没有普及,只有部分医院能够提供这种分娩服务。

 导乐分娩

导乐分娩是国际上比较提倡的一种分娩方式。它是指在产妇分娩的全程中，安排一位经验丰富的助产士或者妇产医生作为导乐一直陪伴左右，给予产妇生理上和情感上的支持，使产妇可以顺利完成分娩。

导乐能够有效地缓解产妇的焦虑和不适应感，减少分娩过程中意外状况的发生，缩短住院的时间，对产妇和胎儿都有益。如果在分娩过程中请导乐，一般会添加 200 元到 800 元的导乐费。

人工引产

人工引产又称为诱导分娩，是指在妊娠末期由于各种原因导致产妇不能正常分娩，从而必须借助人工诱导的方法完成分娩，结束妊娠。人工引产只适合不能顺利分娩的产妇，其费用大致在 1500 元到 4000 元之间。

以上这几种分娩方式并不是可以随便选择的。新妈妈们需要了解该医院有哪几种分娩方式，然后再根据医生的建议，选择一种适合自己的分娩方式。

如果一切情况正常的话，建议大家选择自然分娩。虽然产程可能较长，且分娩过程中伴随着剧烈疼痛，但是自然分娩是最利于母婴健康的。

除此之外，自然分娩的价格便宜，住院时间短、恢复快，可以省下一大笔开支。如果在自然分娩时感觉焦虑、紧张，也可以请一位导乐，但是，导乐费用是不能通过社保报销的。

传统康复更安全

康复主要是指出院之后妈妈的身体恢复，也就是常说的"坐月子"。

由于生活节奏的加快，各行各业的专业化程度不断提高，如今出现了一个为刚出院的妈妈们量身定做的新职业——月嫂。

也许很多妈妈要问月嫂是什么？简单地说，月嫂就是在妈妈们坐月子期间，照顾妈妈和宝宝的专业女性。她们通常扮演着保姆、营养师、护理员、保育员的综合角色。她们主要为妈妈和宝宝提供生活服务和专业护理，包括负责妈妈和宝宝的膳食营养搭配；协助妈妈全身擦浴；为宝宝按摩、观察宝宝生长状况；指导妈妈进行母乳喂养；对妈妈进行产后心理指导；协助妈妈恢复形体等。

月嫂并不是普通的家政人员或护理人员，也没有正式的职业资格认定，但是，月嫂必须经过专业的护理培训和卫生育儿培训，并且在通过考核过关之后，由劳动和社会保障部门颁发专业的月嫂证（即"育婴师"或"育婴员"），并定期接受考核。当妈妈们生完宝宝出院的时候，会有很多人向大家介绍月嫂。作为"80后"、"90后"的我们不仅热爱新鲜事物，还喜欢追求潮流，于是，请月嫂成为很多年轻妈妈的选择。

不过，大家是否计算过这笔费用呢？在二线城市，一个月嫂的月薪为2000元到4000元，而在一线城市，月嫂的薪水甚至可以达到上万元。如果请两个月月嫂，至少要花5000元。

然而，这一大笔开支并不是必须的。要知道在月嫂这个职业出现之前，妈妈们也顺利度过了康复期，所以，建议大家考虑传统的康复方式。

 让家庭成员担当照顾妈妈和宝宝的重任

在两千多年前的《礼记·内则》里，就有了对妇女产后坐月子的情形的记录。从那个时候，人们就发现，女性在生产之后，需要一段时间康复。在康复期间以卧床休息为主，从而使身体早日恢复，于是坐月子就这么一代一代传下来了。

在上千年的沉淀之中，老一辈人逐渐总结出照顾坐月子中的女性的经验，如今，这些经验也同样掌握在我们的母亲或者婆婆手中。所以，在出院之后，可以寻求家中女性长辈的意见。如果有人愿意在坐月子期间照顾你，你就不用请月嫂了。

家里女性长辈照顾产后妈妈和宝宝的优势有三点：首先，长辈们都是过来人，对于照顾妈妈和宝宝有实践经验；第二，妈妈和宝宝都是她的亲人，她将更加悉心照顾；第三，在生活费、母婴用品的费用上，长辈们可能会乐意分担一部分。这样一来，不仅不需要额外花费月嫂费，还可以节省一些必要的开支。

自学坐月子期间的注意事项

只要妈妈们有心，坐月子期间的注意事项是很容易得知的（通过书籍、网络等）。当自己了解这些信息之后，不仅可以节省请月嫂的费用，还可以让家人更加省心。下面介绍一些坐月子的常识。

第一，坐月子并不只是一个月（30天）。科学研究表明，产后调养30天其实并不能完全康复，一般需要6～8周，身体才可能恢复到怀孕前的状态。且在这6～8周之中，妈妈们最好以卧床或静养为主。

第二，在产后7～10天内，尽量少洗澡或洗头，以免受凉引发疾病。不过在此期间需要注意个人卫生，每天换洗内衣裤。洗澡时不能盆浴，最好是擦浴。洗头之后不要使用电吹风。

第三，保持室内通风良好，不宜过冷或过热，温度保持在

25～28度为最佳。在夏季被褥不能太厚,以免中暑。

第四,产后以流食为主,例如小米粥、大米粥等。多喝青菜汤、豆芽汤等蔬菜汤,鸡蛋也应以蒸蛋等有益消化的方式食用,且每天最好保持食用一到两个鸡蛋。产后一周之后,可以坚持早晚一杯热牛奶,多吃鸡、鱼、虾等,需要注意的是产后的膳食以少食多餐为主。

第五,进行适当的运动,产后半个月左右可以做些简单的运动,但动作不能太大,最好不要洗衣服、做饭、抬重物等。

坚持母乳喂养

尽管大家极力倡导用母乳喂养新生儿,但是在年轻的妈妈当中,坚持母乳喂养的比例很低。有的妈妈认为母乳喂养既麻烦又有损形象,作为新一代的"潮妈",一定要随时保持自己的良好形象。

有的妈妈则认为法定产假只有三个月,三个月之后就要恢复工作,如果采用母乳喂养,自己就需要摄入更多的食物和营养,会导致体形发生变化。因此,大多数妈妈会选择使用豆浆、鲜牛奶或者奶粉代替母乳。

现在,我要再次提倡大家坚持母乳喂养。母乳喂养具有安全卫生、营养丰富、增强宝宝免疫力、安抚宝宝等多种优势,在此就不一一列出了,重要的是母乳喂养能省钱。

如果使用牛奶、豆奶等代替母乳喂养，则需要准备诸如喂奶枕、量杯、奶瓶、奶粉等物品。按照平均水平，宝宝每个月需要四罐奶粉，加上所需要的喂奶物品，每月花费在喂奶上的钱就在 600 元以上。如果妈妈们选择在产假的三个月之内采用母乳喂养，则至少可以节省 2000 元。

　　另外，妈妈们没必要担心体形会走样，因为科学证明，母乳喂养不仅不会使体形走样，反而会帮助妈妈们快速恢复体形。

 ## 参加适当的运动或劳动

　　有人说坐月子期间妈妈们必须躺卧在床上，一个月之后才能下床。这种说法是缺乏依据的。为了使妈妈们尽快恢复身体，我建议妈妈们常下床走走，每天保持适当的活动量。这样不仅有助于身体各种机能的恢复，对产后妈妈们的心理健康也能起到积极的作用，另外，还可以节省一部分产后健身训练的费用。

第四章 给宝宝一个细水长流的财富未来

保险、股票、投资债券、基金定投……为宝宝的长远未来而钻研投资理财、带着宝宝奔跑在财富之路上的新妈妈们，也别忘了投资自己。生了宝宝后，要及时做好产后上岗的必修功课，为之后的职业生涯精心规划。

买保险是妈妈的明智选择

养孩子是笔不小的开销,准备这笔资金绝非易事。当二人世界即将变为三人世界的时候,很多小夫妻首先想到的就是缩减自己的日常开销,仿佛只有这样才能为孩子积累一笔财富。

的确,勤俭节约是积攒财富的不二法门,但在当前这个社会,节流显然是不够的,我们必须学会让钱生钱,在开源的基础上节流,才能引导准父母们通往财富之路。

钱真的能生钱吗?当然可以。这并不是白日做梦,只要能选准优良的投资产品,回报是相当可观的。可是,什么才算是优良的投资产品呢?作为新妈妈又该如何去选择呢?

大家是否想过,在怀孕前投资一项金融产品,怀孕期间可以不用费心打理,只要等生下宝宝之后就可以有所收获呢?如果你没有想过,那么现在我可以告诉你,只要选择一只10个月左右的长线股,你就能在孕期轻松地赢得一桶金了。

我进入公司的时候,购买了社会保险,每月在工资中扣除 200 元左右,其他费用由公司承担。在社会保险中包括了生育保险和医疗补助险。有了这两种保险,我们可以报销大部分生产费用,如果在生育期间生病住院,也可以报销费用。

真庆幸公司为我买了社保,虽然每个月扣 200 元,但几乎对收入没什么影响。要是公司没有买保险,我肯定不会主动购买保险的。相信很多人都和我有同样的想法,当我们有闲散资金时,都会选择股票、基金或者债券等理财产品进行投资,很少有人会将保险纳入考虑。特别是"80 后"、"90 后"的朋友们,其保险意识不强。

当有保险公司业务员或银行业务员向我们推荐保险的时候,我们通常会以各种各样的理由拒绝。其实,保险并不见得是"忽悠"人的东西,特别是当我们升级成为父母的时候,风险性的投资可能会使我们感到担忧,再加之我们极希望为未来可能面临的问题做充裕的物质准备,这时,保险便会上升为首选的理财产品。

保险的品种良多,新妈妈可以从两个方向来选择:为自己买保险;为孩子买保险。

由于女性在怀孕期间面临的风险一般要高于普通人,因此,新妈妈们首先需要为自己买一份保险,例如女性险、女性生育疾病险。这两种保险为新妈妈们在怀孕期间遇到的意外或疾病提供了较好的保障。

不过,需要注意的是,这类保险必须提前购买。在准备要孩子的时候,就可以购买女性险或女性生育疾病险。因为,保险公司不会受理怀孕28周以上的新妈妈们购买生育类保险的。而且,有些保险会在10个月后(观察期内不能生效)才开始生效。所以,我建议新妈妈们提前为自己买一份保险。

如果在怀孕之后才决定购买保险,则可以选择专门的母婴险。在一些医院和保险公司都有提供。它可以有效保障新妈妈在妊娠期间所面临的风险,但是,这类保险的成本通常会很高。对前期准备不充分的新妈妈们,只能选择这类保险了。

为孩子准备一份保险绝对是明智的,这时所购买的保险可以作为一种长期投资。很多人都认为保险的回报太慢了,通常需要十几年甚至是几十年。那么到底有没有一种保险是成本小、收益高、回报快的呢?

答案是肯定的。购买目前比较流行的分红型保险,就能达到成本小、收益高、回报快的要求。我有位朋友,今年26岁,已购买了女性险,现在希望为还未出世的孩子买一份保险,作为孩子今后的教育经费。

在我的陪同下,这位朋友来到保险公司。业务员向我们介绍了很多种保险,最后朋友决定购买分红型保险。这样不仅能够实现资金良好的流动性,又有助于资金的保值与增值。

分红型保险的品种也比较多,有人身险、养老险、高中教育险、大学教育险等。她结合自身的实际情况,为孩子买了某保险公司的人生两全险。

该保险主要有三种购买模式:10年期的最低缴费为1.5万元;5年期的最低缴费为2万元;3年期的最低缴费为3万元。朋友选择了5年期,基本保额为4万元,每年需要缴纳2万多元,连续5年需要投入10万元左右。

这份保险是终身受益的。只要为孩子开立保险账户之后,从孩子出生开始,每两年便可领取4000元(基本保额的10%)的生存金,直到59岁;从60岁开始,每年可以领取2400元(基本保额的6%)的生存金。

另外,作为一份分红型的保险,除了可以领取生存金之外,还可以领取分红。按照平均分红水平来算,当孩子到20岁的时候,领取的分红可以达到4万元左右;孩子30岁的时候,领取的分红可以达到7万元;到60岁的时候,分红高达25万元。虽然,只需要缴纳5年,总共成本才10万元,但是,却可以让孩子终身受益,一次性解决今后的教育、婚嫁和养老问题。

当然,并不是只有这种人生两全险才适合新妈妈,还有很多分红类的保险都可以作为参考,在此就不一一列出了。只要在银行或保险公司稍作打听,就可以获得海量的信息。

在此,我提醒各位新妈妈,买保险并不是越贵越好,收益越高越好。新妈妈们不仅要具有理智的分析能力,还需要具有忧患意识。如果现在选择较贵的保险，几年连续不断地缴费，可能并不轻松。一旦无力继续支付，就有可能前功尽弃。

所以，选择保险一定要考虑家庭的承受能力。保险属于一种中长期投资，并不是追求暴利的手段。当遇到收益太高的保险产品时，需要提高警惕，以免不法分子假冒保险公司进行诈骗，到时候就得不偿失了。

说到底，我们购买保险最大的目的就是对家庭和孩子负责。而履行这个责任的我们，需要运用科学的理财方式，以及智慧的头脑来规避现实生活中可能遇到的风险。

投资债券——稳中求胜

比起股票和基金，大家对债券相对陌生一些。在 20 世纪八九十年代，国债是相当受欢迎的。我们的父辈应该比较了解，那个时期有不少人靠投资国债获取收益。不过，也有一部分人利用国债投机，导致个人乃至整个金融市场遭受损失。

如今，债券发展了数十年，各项管理机制和风险规避机制都有所改善。因此，合理地投资债券，仍能得到稳定的回报。

随着股票市场持续走热，债券市场逐渐开始转淡，这样反而有效地减少了债券市场中的投机行为，使整个市场更规范，为那些不愿意冒险，但又希望有稳定回报的新妈妈们，提供了较好的投资环境。

说了这么多，大家可能还存在疑惑：什么是债券？怎么投资债券？它又是怎么帮我们赚钱的？

我们可以这样理解，当我们资金周转不灵的时候，会向身边的朋友借钱，并立下借据作为凭证，有时候甚至会支付一定的利息。债券则是政府机关、银行等金融机构，或者企业在资金周转不灵的时候,向我们借钱,并立下借据(即债券),规定偿还本金的时间,同时规定向我们所支付的利息金额。

债券与我们日常生活中的借据存在诸多的相似之处,然而,也存在着一些不同。

第一,债券具有很强的法律效应。一旦购买债券后,就正式成立了债务关系,债务人的权利与义务受到法律保护。

第二,可转换债券与股票有些相似,它可在市场中流通。债券具有票面价值,随不断地买卖、转让实现价值涨跌。

第三,债券的风险极小,其利息收益是固定的。无论金融市场怎么变化,企业的业绩如何,债券的票面价值如何走向,投资者所获得的利息都不会受到影响。这就为债券投资的收益提供了保障。

第四,债券的收益是双重性的。我们可以通过可转换债券票面价格的变动,以高价转出、低价转入的方式,获得价格差(这与股票获利的方式有所相似)。另外,我们还可以定期或不定期地获得债券的利息。

对于新妈妈来说,可以在资产保值的情况下,实现资产增值,在获得固定收益的情况下,获得动态收益,这样的投资是再好不过的了。

讲到投资债券,我突然想起在家庭理财论坛中看到的一个案例。下面我们一起来看看在本案例中,作为新妈妈的刘女士是怎么通过债券理财的。

前几年刘女士热衷于股票的投资，在股市中也获利不少。但是，如今刘女士准备当妈妈了，为宝宝考虑，她决定不再参与风险性投资。然而，由于通胀严重，银行已经连续一段时间负利率了。刘女士意识到将钱存在银行太亏，希望利用从股市中获得的钱，做一项风险小的投资，可以获得固定收益，至少不至于亏本。

于是，刘女士到银行咨询，业务员向她推荐了债券。刘女士用8万元本金买了一份企业债券。在第一年末，债券面值上涨了，刘女士卖掉手中一半的债券。第三年到期之后，刘女士不仅拿回了本金，还获得了35%的收益，也就是累计2.8万元的现金收益。

本案例中，我们可以发现，刘女士是在银行购买的企业债券。债券分为很多种，按照交易方式来分，可以分为现货交易的债券、期货交易的债券和回购交易的债券。作为个体投资者，一般只能购买在二级市场上现货交易的债券。这里的二级市场不仅是证券交易市场，还包括银行、邮政局、债券公司等。

按照债券发行的主体，债券可分为国债或地方政府债券、金融债券和企业债券。其中，国债被称为"金边债券"。由于发行主体为政府部门，所以具有极高的信誉。再加之其利息也比较高，所以，国债一直都是大家争相购买的投资产品。发展到今日，就算每天排队也很难买到国债了。

国债如此紧俏，新妈妈们没有必要为购买国债奔走，因为企业债券也是相当不错的选择，而且它在购买上是相当方便的。

相对于政府债券来说，企业债券在人们心中的信誉可能会略打折扣。很多人担心企业一旦出现亏损，会不会无力偿还债款。其实，这种情况发生的概率很低。在企业发行债券之前，相关部门和机构就会要求该企业进行财产抵押，以保障投资者的权益。值得一提的是，企业债券的利息一般是高于国债的。

近年来，通货膨胀较为严重，在股票和基金中捞金已不再那么容易，紧缩的经济政策等都为债券市场带来了生机，促使国债一票难求。这个时候，新妈妈们可以考虑购买可转让的企业债券，只要拿出手中的 1 万元，即可购买 10 手（即100 张）左右的债券。

可转让的企业债券的利息相对比较低，大约在 1% 到 2% 之间，不过，现阶段来看，购买可转让的企业债券最为稳妥。因为其价格普遍位于低位区，大约为 100 元，其上升空间还很大。如果在此时购买 1 手，一年之后，债券涨至 130 元，年利率为 1.5%，那么我们得到的收益则是 3150 元，收益率接近30%。由此看来，最近决定投资债券的新妈妈们，要是把握住这样的良机，并且选择价位在 100 元左右，且偿债能力较强的企业可转债，那么，获利的几率将大大提升。

基金定投——"一劳永逸"

　　每次到银行营业厅办理业务的时候，都可以看到营业厅中摆放着一些基金公司的推广资料，偶尔也会遇到大堂经理或银行的理财咨询员上前来推荐一些基金。那么，新妈妈是否思考过，基金这种理财产品会不会带来意想不到的收益呢？

　　众所周知，基金和股票就像一对孪生兄弟，总是受到投资者的青睐。与股票相比，投资基金显得更加省时省力。

　　投资股票就是将手头闲置的资金放进股市之中，由自己亲自操作。能否赢利不仅要看大盘的变化，还要看投资者自身对股票的掌控能力。而投资基金则有些不同，它是让我们将手头闲置的资金交给我们信赖的基金公司或经理人，然后，基金公司或经理人将这些资金化零为整，用以投资股票、房产、债券等理财产品。

　　由于基金公司拥有大笔资金作为后盾，通常会以机构的身份参与到投资活动中。与散户相比，机构显然更具有赢利的优势。这样一来,我们赢利的机会增多了,同时,承担的风险却减少了。

一般情况下,基金投资分为两种方式:一种是单笔投资,这种方式适合对基金市场有较好掌控能力的经验投资者;另一种为基金定投,是指我们在固定的时间以固定的金额投入到基金市场中。考虑到新妈妈的实际投资技能有限,在此,我们推荐选择基金定投的方式。

基金定投也就是俗称的"懒人理财"。我并不是说新妈妈都具有"懒人"的特质,而是因为基金定投具有平均成本和分散风险的特征。它作为一种长期的投资方式,像是为新妈妈们量身定做的理财产品。

我在家庭理财论坛中看到过一个案例,为了让大家更加明白基金定投的含义,下面就与大家一起分享这个案例。

案例中的主人公王女士,在发帖的时候,已经怀孕两个月了。王女士将3万元存款作为生育费用。考虑到生下孩子之后,家庭支出可能还会增长,包括孩子的教育费用,算下来是不小的一笔花销。于是,王女士又将手头的闲置资金参与到基金定投中。她预计的投入成本上限为4万元,超过这个金额,自己可能难以承受。那么,如果选择每月1000元的定投方式,王女士可以连续定投3年,成本为3.6万元,这个金额在预算范围以内。

在咨询过理财专家之后,王女士制订了两种基金定投方案。一种是定投债券型的基金。这种基金的申购费用和赎回费用都比较低，且风险很小，亏损的可能性不会太大。债券型基金一般的年收益率可以维持在 7%到 12%之间。如果按照10%的年收益率来计算，3 年之后赎回全部基金，王女士可以获得的本金和收益总共为 43692 元。除去本金，她获得的收益为 7692 元。第二种方案则是定投股票型的基金。这种类型的基金与债券型基金就有所差别了。它申购和赎回的费用高于债券型基金，且年收益率一般维持在 18%到 22%之间，也远远高于债券型基金。不过，股票型基金的收益与股市的涨跌是息息相关的，因此其亏损的风险要高于债券型基金。如果按照年收益率 20%来计算，3 年之后赎回全部基金，王女士可以获得的收益为 16416 元，刚好可以将本金和收益作为孩子上幼儿园的费用。

在这两种方案中，第一种风险小，第二种收益大，这两种方案可能有一种是比较适合你的，不妨作为参考。

另外，需要说明的是，在王女士的案例中，由于每个月定投基金的净值和份额都不相等，计算基金的收益会比较复杂。因此，基金的收益率是按照同类基金年平均收益率来估算的。在实际情况中，基金的收益率可能会有所波动。能否提高基金的收益率，就要看新妈妈们是否有火眼金睛，能否发现成长性良好的基金了。

新妈妈们可能对基金并不了解，更不想花时间去弄明白基金的定投是怎么操作的,复利又是怎么计算的。因为,这一切都可以交给银行或基金管理公司去处理。这也就是基金定投成为一劳永逸的理财方式的一个重要原因。

选择基金这项费心的工作也可以全权交给银行,申购他们推荐的基金,就不用自己选择了。关键在于,你是否信任银行。

目前,很多银行提供的基金并不齐全。新妈妈们要是感兴趣,也可以自己选择一只基金进行定投。如果你已经决定要亲自选择基金了,可以参考以下几个选择基金的技巧。

选择名牌基金经理人

选择名牌基金经理人,就如同购买名牌服饰或化妆品,能够具有良好的品质和信誉保证。因为,投资基金能否赢利,基金经理人是尤为重要的。他们的投资能力直接影响到基金的收益,以及新妈妈们的钱袋。没有人愿意将钱交给一个菜鸟或赌徒,并寄希望于他能帮我们赚更多的钱回来。

孙建波、王亚伟、邵健这三个名字在业内是相当有分量的。他们就是当前比较出名的基金经理人,也是 2010 年福布斯十大明星公募基金经理。他们都具有四年以上的公募基金管理经验,且基金的收益率都比较高。

特别是王亚伟,无论是他管理的基金还是投资的股票,一旦被散户发现,都会受到热捧,从而形成著名的"王亚伟效应"。

这些基金经理人之所以有如此大的影响力,正是因为他们具有超常的投资决策能力,长远的市场观察力,以及对于投资者诚信务实的态度。大家信任他们,当然愿意将钱交给他们管理。

新妈妈们只要在这些名牌经理人管理的基金中,选择一只价位中等的基金(净值在 2 元左右最佳,净值太高,其成长空间有限),就可以高枕无忧了。

选择战绩显赫的基金公司

基金公司与基金经理人同等重要。它的实战水平不仅与公司的主要决策者的能力有关,也与公司的普通成员有关。例如,以王亚伟为副总裁的华夏基金管理公司,就是基金市场中口碑较好、规模较大的公司。

好的基金公司不仅有好的决策者,还应该拥有具备不同工作经验、不同年龄、不同风格的基金经理人,同时,还需要涉足较广阔的投资产品,包括股票、债券、外汇、黄金、期货等,这样才能形成一个市场影响力较大、管理基金持续性较好的公司。

另外,公司的诚信也尤为重要。衡量一家公司的诚信度是否较高,关键看这家公司是否始终将投资者的利益放在优先位置。有些不良基金公司,以欺骗和隐瞒投资者为代价,换取自身的利益,对于这些公司大家就要谨防了。

在选择基金公司的时候,大家不妨多查阅一些资料,了解该公司的"老底",做到心中有数,这样就不容易掉进基金公司的陷阱了。

选择优惠的定投渠道

当新妈妈们把注意力放在选择基金经理人和基金公司上的时候,可能忽略了基金定投渠道的选择。事实证明,如果选择较优惠的定投渠道,可以有效地节省成本。

基金定投的渠道主要包括基金公司网上直销、证券商代销和银行代销这三种。网上直销基金的申购和赎回费用最低,其费用甚至可以低至 4 折,而银行柜台代销往往是没有折扣的。若是网上银行代销,最多可以获得 8 折的费用优惠。如果选择向证券商申购基金,其花费可能更高。

需要注意的是,网上直销是通过银行卡实现的。使用不同的银行卡申购同一只基金,其产生的费用也可能不同。例如,中国工商银行卡申购某只基金的时候可以打 5 折,中国农业银行卡可以打 7 折,而广发银行卡可以打 4 折。新妈妈们应该事先了解这些折扣明细,以决定选择哪一种银行卡进行申购。

选择基金定投这种理财方式,新妈妈们只需要一次性办理定投手续,之后几年都不需要再操心了。等到赎回基金时,就可能获得不小的惊喜。

选一只会赚钱的长线股

人们常说"股市有风险，投资需谨慎"。任何投资都是有风险的，所以，这需要新妈妈们在投资之前，具备一定的分析能力和判断能力，在一堆股票中，慧眼识英雄，选择一只潜力长线股。风险存在的同时，你依然可以看到赢利空间。

慧眼并非一朝一夕就可练成，新妈妈们在平日里，就应该多用点心提升自己的投资技能。一个睿智的女性，必须学会投资理财。

大家可能要问：炒股是门复杂的学问，要怎么快速掌握它？

如果你想在短时间内掌握这门学问，那么你就错了。在此，我并不想教大家如何认识股票，而是想提醒大家，作为菜鸟，该如何巧妙地利用这个市场。

对于身为炒股业余选手的新妈妈们来说，如果你从未接触过股票，也不用恶补那些多如牛毛的专业名词。你根本不用知道庄家是怎么吸筹、出货的，也不必学会快进快出的本领、长线股的操作,新妈妈们只需要理解两件事:准确把握市场的基本面;了解长线股的选股技巧。

准确把握基本面

所谓基本面是指当前的政治经济环境、汇率、利率政策、GDP(国内生产总值)等。新妈妈们不必深入研究这些情况,掌握基本的宏观信息即可。例如,近一年来全球的经济状况怎么样,股市目前处于熊市还是牛市,经济政策是宽松型还是紧缩型。

你也许会认为,只有当股市处于牛市的时候,才是进场的时机。其实不然,根据长线股的特征,它的成长是需要一个较长的周期的。因此,你所能获取的利润,也需要一个较长的周期。如果目前股市处于牛市,且这样的牛市已经持续了一段时间,那么,我们有理由相信,未来股市肯定会有个回调的动作。如果你这时买入一只长达 10 个月甚至更长周期的股票,就很可能出现高位套牢的情况。

是不是一定要在熊市买呢?肯定也不是。股市有言"熊长牛短",牛市可能一瞬间就过去了,但谁也不知道熊市什么时候才结束,它很可能是绵绵无绝期的。这时候就需要了解当前的宏观经济情况。新妈妈们经常听听新闻,看看报纸,要知道如今的经济情况并不难。

例如,你经常听新闻提到"金融危机"这个词,可以判断出,目前很可能处于金融危机之中。它对股市的影响是显而易见的:大量资金外逃、成交量低迷、价格进入下行市。金融危机分为危机、萧条、复苏和高涨这四个阶段。当市场处于复苏阶段的时候,你可以从新闻中听到各国领导,或各个部门已经可以有效地控制危机了,各项新的经济政策也起到了明显的成效。这个时候,股市可能开始回暖,虽然并非为进入上行市,不过可以判断,未来股市反转向上是很有可能的,这时就是适合进入的时机了。

时机找准了,接下来就应该划定选股的范围了。纵观沪市和深市上千只 A 股,该从何入手?下面,我们就一步一步来分解吧。

像金融、地产、能源这类的大盘股,新妈妈们最好不要考虑,因为,这类股票盘面太大,受影响因素较多,长线并不好控制。另外,题材股和地区股也不用考虑,这类股票存在一个时效的问题,不宜长线操作。

适合长线操作的股票一定是稳定而又具有潜力的股票,例如,在经济形势不明朗的时候,传统型或者基础设施型的股票就是最佳选择。它们既关系着民生,又是国民经济的重要支撑,稳定性强于其他股票。选择农业股的风险较小。又例如,两会强调近年来要大力发展文化产业,这个信息就告诉我们,近年来,文化产业会受到扶持,未来走势乐观。

了解长线股的选股技巧

　　前面已经讲过选择长线股时所要了解的宏观基本面的信息了,在此,我将向新妈妈们补充介绍一些技术层面上的技巧。

　　听到"技术"这个词,大家不必头痛,这里的技术绝对是简单又实用,可以快速掌握的技术。如果为了在产前买只长线股,而去钻研诸如江恩理论、波浪理论、切线理论、各种参数指标的研判方式,显然是不可能的。新妈妈们只要记住以下几点就能应对自如了。

　　首先,新妈妈们需要对股份公司的营运状况有个大致的了解。例如股票名称前被冠以"ST"、"*ST"或"N"的股票不要考虑。并不是说这些股票没有上涨的空间,而是对于新妈妈来说,亏损股、有退市风险的股票和刚上市的股票都是很难驾驭的。将这些股票排除之后,新妈妈们就可以了解自己感兴趣的股票的业绩了。

　　我们不是公司的负责人,更不是该行业的专家,所以了解一些皮毛的东西即可。例如,该公司的信誉如何。这一点,新妈妈可以利用自己购物时的原则——相信品牌效应,看看该股份公司是否具有良好的口碑。另外,该公司的业绩如何。看看年报就知道了,是同比亏损了还是赢利了,显然赢利的股票更有理由让我们相信它有光明的前途。

要了解以上信息也很简单,百度一下你就知道了。

其次,该股票近年来走势是大起大落,还是平平稳稳的。这点很重要。大起大落的股票很可能被爆炒过,价位过高或者价位过低的股票都不宜长线操作。反而,那些长期走势平稳的股票,如果有良好的业绩支持,未来走势肯定是可观的。股市有云"横有多长,竖有多高",选择目前走势趋于平稳的股票,其发展空间更大。

最后,根据市盈率的高低选择长线股。简单地说,市盈率就是股票的价格和每股的收益的比率,它能有效反映某只股票潜在的能力。市盈率的高低影响着股票投资的价值。市盈率高的股票,其投资价值就低;市盈率低的股票,其投资价值就高。市盈率是一项基本的盘面数据,网络搜索一下很容易获得,至于它是高是低,可以通过与同类股票的市盈率相互比较来得知。

现在你知道了吧,只需要掌握这些简单的技巧,在产前选只股票,就可以等着生完宝宝去享受胜利的果实了。

投资自己——为产后上岗做准备

有多少新妈妈会思考投资自己这个问题呢？如果你认为这完全没有必要，那你就错了。

我在新妈妈论坛中看到过两个例子，受益匪浅，在此与所有新妈妈们分享。当你看到这两个例子中主人公的遭遇，你就会明白投资自己的重要性了。

第一个例子的主人公是一位美妆杂志社的编辑——赵女士。她的职业是很多女性梦寐以求的。不过怀孕之后，赵女士就选择停职在家，做了全职新妈妈，暂时离开她所喜爱的工作。数月后，宝宝顺利出生了。赵女士整装待发，决定回到公司复职。

但是，出乎意料的是，现在赵女士越来越感觉工作吃力。算来她离开工作岗位已经一年了，一年前在这个岗位上所体现出来的优势，似乎已不复存在。现在的她，不仅要更加努力地工作，还要分一部分精力去照顾宝宝。

作为一名美妆杂志的编辑，长达一年时间与本行业脱离,无论是对最新的美妆理念、最新的产品,还是对公司内部结构或相关规则的调整,赵女士都显得很不适应了。同事、上司对她的态度也发生了微妙的变化。终于,在勉强工作两个月后,赵女士被迫辞职离开了公司。

从这个例子中我们可以看到,赵女士被迫离开工作岗位,是因为生育小孩,而与自己的工作严重脱节,从而导致她无法继续胜任之前的工作。赵女士在论坛中倾诉道,由于在工作中受到了这样严重的打击,自己很长一段时间内都需要通过心理医生的治疗,来帮助自己重新树立自信。最后,不得不花费3000多元参加新的技能培训,从零开始找工作。

我们都能理解赵女士失去喜爱的工作的心情。做了妈妈,再重新适应新的工作,肯定会吃不少苦,也会花费不少钱。如果新妈妈们能够提前想到这一点,早早做好准备,那就可以有效避免这样的情况发生了。

下面,我们再来看看第二个案例——章女士的遭遇。

章女士与赵女士的情况有所不同。章女士中专毕业之后,几年都没有稳定的工作,长期在广州一带以打零工为生,最后与从事销售工作的同乡结婚。在老公的介绍下,她也从事了销售工作。婚后不久,章女士就怀孕了。由于销售工作比较辛苦,在怀孕5个月的时候,章女士选择辞职在家待产,由老公一人支撑家庭。

为了保持稳定的收入,老公辞去了销售的工作,在一家公司做起了内勤。生完小孩之后，章女士希望尽快找到新的工作，可以帮助老公减轻家庭经济负担。然而，由于章女士的学历并不高，也没有其他的技能，还要照顾小孩，很难找到新的工作。老公又失去了之前的资源，不能再为她谋得销售工作，章女士迟迟不得就业。

我们同情这两位妈妈的遭遇，同时，她们的经历也给我们敲了警钟。

每个妈妈都会在生育小孩之后，面临重新工作的考验。但是，只要能够在孕前做好规划，完全可以避免由于生育小孩所带来的职场困扰。这里所说的规划就是指新妈妈们为自己的投资，它既包括了职业技能提高的投资，又包括了产后身体恢复与保养的投资。

首先，来谈谈职业技能的投资。我们计算一下，如果新妈妈从怀孕开始就停止工作，那么到生完小孩之后重新回到工作中去，大概有一年的时间。一年的时间能做的事太多了，如果只是一门心思地养胎，估计新妈妈们也会受不了的，何不尝试做点既不影响养胎，又可以为今后的工作做一定准备的事呢？

例如，在赵女士的案例中，如果她在停职之后，坚持购买美妆类的报刊杂志，同时多与公司的同事和上司联系，在丰富专业知识的情况下，了解公司的最新变化，相信赵女士在生产之后重新投入到工作中时，便可以快速地适应新的变化了。

如果像章女士一样,在怀孕一段时间之后才辞职在家待产,那么分娩过后必将面临重新择业的问题。这时,只要肯花心思提升自己的技能,那么再次择业也不会太困难。

假如,章女士在怀孕 5 个月之后,报名参加一些技能培训班,例如营养师、人力资源管理师、导游等的培训,或者继续强化自己念中专时所学习的专业,例如护理、茶艺、室内设计、外语等,就能在生产后再次择业时获得便利。通过购买专业的书籍继续学习,提高自己的专业技能,这样不仅能做到术业有专攻,大大提高再次择业的成功率,还能让孕期枯燥的生活变得多姿多彩。

不过,考虑到更加长期的发展,建议章女士选择成人教育之类的、能够提升文凭的培训方式。虽然这样一来,章女士需要花费的就不仅是购买书籍, 或培训班报名的费用了,还需要花费上学的费用。但是只要做好充足的准备,攒够生育所需要的费用,同时攒够产后继续上学的费用,就不至于手忙脚乱了。

怀孕期间如果新妈妈们选择为自己的再就业投资,那么我们需要花费的可能只是一些书籍、资料、培训课程的费用,而我们能够得到的是产后在职场中良好的适应能力,或者一份更好的工作、更高的薪水。如果我们忽略了这一点,那么重新适应工作、找工作,甚至因为无法适应而请心理医生所花费的费用可能会让人更加吃不消。

总结别人的经验教训，我决定在孕期提高自己的职业技能。于是，我花了300多元钱，在当当网上订购了一些双语导游资格考试的复习资料，然后利用这个空余时间在家学习。等到宝宝出生之后，就可以参加同年9月的考试。如果我拿到了资格证，就可以向公司申请带团出境游了。那个时候，不仅可以到处旅游，还可以增加收入。

　　另一方面，由于生产之后身体过于虚弱，通常需要一到两个月时间进补。这个阶段是尤为重要的，只有调理好身体，才能有更好的状态去面对工作。但是，新的问题产生了，在连续的进补中，女性的形体很容易发生变化。产前婀娜多姿的你，产后可能就变成大腹便便的少妇了。

　　对于女性来说，外形是很重要的，保持好的体形，不仅能在职场中表现魅力，在人际交往中表现魅力，还可以增强自信。如果因为生产而体形走样了，原有的魅力就会大打折扣。不仅如此，自信可能转变为自卑，心理负担由此加重，不仅影响工作，还影响日常生活，甚至影响家庭和睦，影响自己的身心健康。如果产前是从事舞蹈、表演、健美、模特等行业的女性，要是产后体形走样了，那简直是对自己事业的致命打击。

　　这些绝对不是危言耸听，因此产后的形体恢复也需要一份不可忽略的开支。

　　我的姐姐是一名瑜伽教练。怀孕的时候她向朋友打听，产后在美容院里去掉腹部脂肪以及妊娠纹，大概需要3000

元。3000 元是一笔不小的费用,身为瑜伽教练的她,对于如何去掉小腹多余脂肪还是比较有心得的。另外,她通过查阅书籍了解到,橄榄油对于去掉妊娠纹有较好的功效。只要每晚沐浴前,在出现妊娠纹的部位涂抹橄榄油,按摩数分钟之后冲洗干净,持续一两个月就可以去掉妊娠纹了。这样算来,只需要花费几百元,就能以良好的状态快速投入到工作中去。

保证充足的现金流

　　并不是每个新妈妈都适合进行投资活动。是否需要购买长线股，是否需要定投基金、购买债券和保险，是否需要开立教育储蓄，这些都要由家庭的实际情况来决定。

　　如果家庭经济十分殷实，那么，无论什么样的理财产品都可以尝试；如果家庭经济情况一般，则可以考虑风险小的理财产品；如果家庭经济状况不太乐观，老老实实办理储蓄也是不错的选择。不过，无论什么样的经济状况，留有充足的现金都是必要的。

　　我们在怀孕前做好的一切规划都是立足于现在可预见的情况而定的，但是事情总是发展变化的，我们未必能准确预算今后的每一笔费用。如果可以留有一部分活钱作为防范，即便出现超出预算的情况，也能应对自如。

　　我有个好朋友小张，在怀孕前期做了很多功课。她把家庭的收入和预计的开销做了详尽的分析，然后制作成一张计划表。她将 2 万元以定期的方式存入银行，期限为一年，作为专门的生产费用;另外 2 万元进行基金定投;然后将每月总收入 7000 元分为三份:3000 元用以应付日常生活,1500 元偿还房贷,其余的 2500 元购买商业保险。

初次看到这张表时,我不得不感叹,这是一套多么科学合理的理财规划啊。当时我就决定要向小张学习,也制订一张这样的表格。

几个月后,小张突然来找我,她很不好意思地问我,是否可以借 2 万元钱给她。我感到很疑惑,问她怎么了。小张这才告诉我她的无奈。

原来,在小张怀孕 6 个月的时候,不得不辞职在家待产。此时,家庭月收入从计划中的 7000 元减少到了 4000 元,只够偿还房贷和缴纳保险费用。而这个时期,家庭的开支明显大于前几个月,导致她不得不中断部分的基金定投,取出一部分钱应急。

随后又发现,为迎接宝宝的到来,他们准备重新购置电脑和电视机,还想准备一间婴儿房,于是又需要一笔钱。这样一来,原先的计划完全被打乱了,手头的钱不够用,只能找朋友应急。我完全理解小张此时的困境,不过自己也怀孕了,需要花钱的地方还很多,不敢贸然借给别人,只好婉言拒绝了她。最后,双方的父母慷慨解囊,帮助夫妻二人渡过难关。

计划敌不过变化,再好的预算都不可能天衣无缝,总会有你没想到的地方。所以,适当地留下些余钱,以防万一也很重要。

　　小张的尴尬遭遇让我开始重新审视自己的计划，我可不想重蹈覆辙。于是，我决定要留下 2 万元钱作为应急。

　　这个时候，储蓄可以派上用场了。银行工作人员给我提供了几种巧用储蓄的方案，我希望它可以为各位新妈妈提供一定的参考。

　　第一种方式为活期存款。虽然它利息比较低，不过它具有随时存取的优势，不至于在取款时损失利息。

　　第二种方式为每月定期存款。如果觉得活期存款利息太低，可以考虑每月定期存款。即每个月从收入中拿出一部分钱，存为一年的定期，并将每个月的存款，分别存为一张独立的存单。那么当存足一年时，就拥有 12 张存单。一旦需要应急，就可支取已经到期的或近期即将到期的定期存款，从而减少利息损失。

　　第三种方式也是基于定期储蓄的。例如我手头有 2 万元，则可以将其分为 1000 元、2000 元、3000 元、5000 元、9000 元 5 份，然后分别存为一年的定期。这样就可以有效避免只需取小数额，却不得不动用大金额存单的弊端，同时减少利息损失。

　　上面哪种方式适合你呢？如果有更巧妙的储蓄方式，也可以试一试。总之钱不在乎多少，关键是能否对其有较好的控制力。希望每个新妈妈都可以让财富细水长流。

第五章 教育经费
是只纸老虎

　　教育就是一件"烧钱"的事,每个孩子的书包里,都藏着一套房子。告别教育烦恼,新妈妈又出新招,从胎教开始到幼儿园,再到孩子上小学、中学、大学,每个环节完美规划,精打细算,省钱省力,为孩子的未来保驾护航。

教育能烧多少钱

生儿育女是一项艰巨的任务，就像一次万里长征，而从怀孕到分娩，只是长征的第一步，自教育开始，才是进入到长征最艰难的时期。

在市场经济的大环境中，我们不得不承认，金钱在各种竞争中都占有一定的优势，尤其是在教育中。你拥有什么样的财力，在很大程度上能够决定你的孩子享受什么样的教育。"没文化，真可怕"，这绝对不只是一句调侃的话，也许很多人对此深有感触。如果自己吃了"没文化"的亏，就更不会让下一代再受同样的苦。

再穷不能穷教育

我国一直以礼仪之邦、文明古国著称于世。千百年来，中华民族的传统美德之根基在于我们的尊师重教。一辈子生活在大山里的老汉，他希望自己的孩子可以走出大山，去外面求学;目不识丁的母亲,她最大的愿望就是自己的孩子能够读书、识字,有文化、有学识……教育之重要可想而知。

曾经听到过这样一个故事:一位单身父亲,多年来独自抚育女儿。在他下岗失业之后,更是以收废品为生,供女儿读书,甚至以卖血的方式筹钱,协助女儿参加重要的技能比赛。最终,女儿拿到了名次,因而有机会进入重点大学求学。女儿最后的生活是怎样,我们不得而知,但这位父亲已经很满足了,看着女儿进入大学课堂,也似乎看到了一个美好的未来,他如释重负,这么多年的辛苦总算没有白费。

可怜天下父母心,不管有钱没钱,只要是为孩子好,再苦再穷都得撑着。

 ## 教育就是"拿钱买未来"

在大多数人的意识中,教育程度是与未来的生活质量成正比关系的,教育程度越高,未来的生活质量就越好。很多父母将教育看作是一种长期的投资,高的投入可能带来高的利润。将金钱投入到孩子的教育中,总比将金钱投入到孩子的物质享受上要划算得多。如果现在能为孩子开辟一条出路,拿钱"买"一个未来,每个父母都会是心甘情愿的。

高质量的教育需要花高成本

"好货不便宜",这是我们的一贯思维,当然,教育也不例外。

嫂子的孩子上中学,按照户口划分,应该去离家最近的三中,但是五中的教育条件相对比较好,于是,嫂子千方百计想把孩子转到五中去上学。最后她找到了教育局,缴了几万元择校费,去了五中,又缴了几万元建校费,加上人情费用,花费都接近 10 万元了。我问嫂子,就读个初中,真的值得吗?嫂子说,五中条件好些,就是卖房子、贷款,她也得把孩子弄进去,可别小看初中这三年,在不同的学校学习三年,以后的人生都会不一样。

有多少父母像这样深信不疑:一个高质量、高成本的教育,可以换来一个不一样的人生。或许等到我的孩子念书的时候,我也会这样。

教育就是一件"烧钱"的事,这已经是众所周知的了。很多媒体或机构都做过相关的调查统计,也得出了一些数据。例如,在一般的幼儿园,每月的托儿费是 150～500 元;如果实行全托制,每日三餐伙食费是 5～15 元,每个月就是 100～300 元。在一些比较好的幼儿园里,每月还需要缴幼托费、管理费等费用 500～2000 元。另外,有的幼儿园在入托时还要收取 1000 元到 20000 元不等的赞助费。加上在幼儿园中参加各种活动的费用,每月在幼儿园中的花销为 1000 元到 5000 元不等。这个水平,在二线城市来说,相当于一个普通家庭一个月的所有收入了。

我们再来看看小学。现在实行义务教育,每学期的学费很少,但是其他费用却不少。例如学杂费,一般为每学期 200~600 元;夏冬四套校服的费用为 400~800 元,有的学校甚至每年都发放几套校服;买课外读物、学习用具等,每月又得约 100~200 元;学校组织各种活动的费用,包括每月参加各种培训班的费用,又是好几百甚至上千。如此一来,孩子上小学每年的花费约为 5000~20000 元。如果要请人接送孩子上学、放学,为孩子请课后家教的话,这个数字还会继续增加。

当孩子念中学之后,又会多出一项军训的费用。另外,如果孩子住校,每年还会多出 1000~2000 元的住校费。保守预算,供养一名初中生,每年的支出应该在 8000~20000 元左右。当然这个预算并不包括参加各种培训班或请家教的费用。如果孩子就读的是私立或者民办的中学,这个预算肯定是远远不够的。

另外,关于大学教育的费用就不好算了。根据实际情况的不同,费用的差别比较大。专科、三本、一般本科、预科、国防生等,不同的类别,学费相差很大,有的高达几万元(如果出国留学,费用会更高),有的不但免费,还可以领取国家的补贴。另外，根据所在的院校、所学专业不同，每年的学费也有所差别，一般从 2000 元到 20000 元不等。其中，艺术院校的学费通常最高，加上相关器材的费用，加起来也有好几万元。

根据 2009 年国家统计局发布的《统计年鉴》显示，从 2000 年以来，我国的家庭教育支出年均增长率达到了 20%，子女教育支出的比重，已接近家庭总收入的 1/3。如今，物价飞涨，生活成本和教育成本更是水涨船高。据统计，平均水平下，一个中国家庭用在孩子教育上的费用（从幼儿园到大学）高达 45 万元，相当于一对工薪阶层夫妻 9～10 年的全部收入。面对如此高昂的教育成本，不少父母感到巨大的压力。

如今，除了住房之外，教育也逐渐成为国人的包袱。甚至有人戏称"每个孩子的书包里，都藏着一套住房"。教育费用居高不下，是一个时代问题，不仅要依靠国家政策的帮助，也要依靠我们自己的力量去解决这个问题。

分门别类，教育经费早准备

教育子女和买房子一样烧钱，但是教育子女又不同于买房子。我们是否买房子，不仅取决于客观因素，还取决于我们的主观态度。当房市有所波动的时候，我们可以保持观望的态度，钱攒够了可以立即出手，还差钱，也可以凑合过。

但是教育子女就不能观望了，到了学龄期，就必须送去上学，让他接受教育。无论是不差钱还是差钱，都要保证整个教育过程的顺利完成。这就要求每对父母都要提早为孩子的教育经费做准备。

在此，我们可以将教育经费仔细划分为三个部分，然后分门别类进行管理。

学费

学费是教育费用中最稳定、最重要的一项。学费一般是固定时间缴纳的，每年两次：3月和9月。金额也是比较固定的,一般为5000~20000元。从时间上来看,3月份刚好是春节之后的第一个月。在春节期间,每个家庭的消费都会放大到平时的几倍,因此,月储蓄金额可能低于其他月份,甚至呈负增长。当我们缴纳春季学费的时候,应该是经济比较紧张的时候。为了缓解这种状态,我们需要在上一个年末,事先将这笔学费预留出来。且春节期间的任何花费,都不得动用这笔钱。相对来说,9月份应该是家庭经济比较宽松的时期,不过也需要控制过度的消费,以免影响学费的按时缴纳。

另外,孩子的学费花销主要集中在幼儿园、高中和大学。因为,现在小学和初中九年义务教育是减免学费的,所以我们首先要提前攒够幼儿园的费用,高中和大学的学费可以在义务教育这几年中慢慢积攒。

 课外书籍和培训

课外书籍和培训的费用是不固定的,比较零散。我们可以每月拿出200~500元应付这笔费用。孩子在成长过程中,课外书籍是必不可少的,不过课外书籍的获得方式并不应该局限于"购买"上。因为很多少儿读物的再读性都不是太高,我们只需要购买有收藏价值的书籍,其他的书籍可以借阅。另外,每个地区都有向公民开放的图书馆。周末带孩子去图书馆,一来有海量的书籍可以选择;二来能够增强孩子的学

习意识,培养良好的学习习惯。

对孩子进行才艺培训也是很有必要的。现在的小孩,谁没有一点特长呢?不过,在培训方面,我们一定要遵循"少而精"的原则。针对孩子的兴趣和特长,对其进行有目的的培训。

另外,一旦让孩子进入到某种技能的培训状态中,我们就要做长期的资金准备。一旦培训的资金链断裂,很可能就前功尽弃了。

学习用具

我们读书的时候,学习用具不过是书包、文具盒、铅笔、橡皮擦等,几十元钱就可以全部搞定了。直到大学的时候,才有了稍微高级一点的学习用具——文曲星。一个文曲星也就几百元,整个大学都不用再换了。

而现在的学习用具,绝对是一笔不小的费用,什么电子书、掌上电脑、点读机、语音王、MP4、MP5……动辄就要上千元。就拿书包来说,也是好几百元一只。

作为家长,要有选择性地购买学习用具。在此有三点经验可供参考:首先,要遵循"必要"的原则。购买学习用具,并不是市面上有什么就买什么,也不是孩子想要什么就买什么。在购买之前,我们需要对孩子目前的学习内容和进程有所了解。要明白孩子在学习过程中到底需要什么。例如,年纪较小、年级较低的孩子,适合购买语音王、点读机之类的学习用具;但是给较高年级的孩子购买点读机,不仅不实用,还会显得很幼稚。

其次,了解学习用具的性能。很多学习用具的名称不同,但是功能却是相同或相似的。由于这些产品更新换代太快,家长很容易就被它们"忽悠"了。例如有了MP4,就没必要买MP5了。如果我们足够了解这些产品的性能,就可以有效避免重复购买造成的浪费。

最后,要遵循"实用"的原则,不要盲目跟风。要认识到购买学习用具的主要目的是用来满足学习的需要,并不是用来满足虚荣心的。也就是说,当一部1000元的掌上电脑能够满足孩子的学习需要时,就没必要花4000元买一台平板电脑给他。这样不仅可以节省一笔钱,还可以避免孩子养成攀比的习惯。

掌握技巧,快乐胎教

　　早在两千多年前西汉的《列女传》中就记载着有关胎教的内容。古往今来,人们都相信胎儿在母亲腹中是有很强的感知力的,能够听到周边的声音,感知母体的动作。这样一来,新爸爸新妈妈们就可以通过声音、动作等方式与腹中的胎儿进行交流,对胎儿进行早期的教育了。这样,宝宝出生之后,会比其他未受过胎教的孩子更早学会发音,更早学会用语言和动作表达自己的意愿,模仿能力更强,能更早地学会认字、唱歌、游戏和与人交往,人们甚至认为接受过胎教的孩子其行为更容易控制,不会出现哭闹难哄的情况。

　　如今,胎教不仅可以影响到胎儿的成长,还能够全面开发孩子智能的这一观点已经得到了科学的证实。因此,在怀孕期间,新妈妈不但要将胎教当做必须完成的课程,还得将胎教视为与宝宝互动的一种乐趣。

　　胎教一般从怀孕初期开始,并持续于整个孕期,不过每个阶段的胎教内容并不相同,整体上是循序渐进的。古时候,

教育经费 是只纸老虎

人们对于腹中宝宝的胎教主要局限于声音,而现在,胎教的内容被不断地扩展和完善,不仅有音乐、对话、讲故事等传统的方式,还添加了一些新的方式,比如抚摸、光照、触压、拍打等。在很多培训机构和妇幼保健院都开展了胎教培训和服务,当然这些服务是收费的。

林女士怀孕 3 个月之后报名参加了某培训机构开展的胎教培训服务,培训的内容包括播放音乐、朗读故事、与宝宝对话,还包括一些简单的肢体运动:通过抚摸、触压和拍打的方式与宝宝互动。每一个阶段的课程,机构都会发放光碟或录音带帮助新妈妈在课外进行胎教,林女士将这些费用汇总到一起,居然高达 3000 多元。

胎教真的需要这么大的成本吗?林女士看到账单之后也产生了这样的质疑。其实胎教是无所不在、无时不在的,花费3000 元钱进行胎教培训确实有些浪费。那么,怎么节省胎教费用呢?下面就要向各位新妈妈支招了。

 下载胎教音乐和故事

声音是胎教的重要内容,它主要包括胎教音乐、胎教故事和对话三种方式。其中胎教音乐是一种平缓、舒畅、轻柔、甜美的轻音乐,如班得瑞的轻音乐、舒曼的《梦幻曲》、贝多芬的《田园》等。音量最好保持在 65～70 分贝,可以通过音乐播放器播放,也可以通过新妈妈亲口哼唱给宝宝听,每天 1～2 次,每次 15～20 分钟即可。胎教故事主要包括童话故事、人物传记、儿歌、诗句、游记等。通过故事进行胎教,可以培养宝宝的注意力和想象力,同时开发宝宝的智力。但是在市面上卖的胎教音乐和胎教故事一般价格不菲,所以,建议新妈妈们在日常生活中搜集一些适合胎教的音乐和故事,还可以在网上下载现成的胎教音乐,如一听音乐网、太平洋亲子网等。

例如王女士怀孕之后,在某一论坛上找到了胎教音乐和故事的下载资源。如果在商店购买这一整套资源,可能要花费上百元,而在论坛中,这些资源是免费下载的。不过下载这些资源需要数小时,为了防止辐射,王女士将其设置为下载完毕自动关机,随后与丈夫出外散步。等下载完毕后将这些内容传送到音乐播放器中,每天对宝宝进行胎教。

 ## 获取免费的胎教教程与经验

当新妈妈为腹中的宝宝进行胎教时,可能发现宝宝有踢打、移动的反应。得到这些反馈的新妈妈们又惊又喜,很希望与大家一起分享这种感受,并了解其他新妈妈在胎教过程中发生的趣事,以及进行胎教的经验和心得。这种及时而广泛的交流,是在培训机构不能实现的,不过新妈妈却可以通过互联网实现。例如比较出名的胎教网站:百家胎教家园、摇篮网、育儿网等,在那里,新妈妈们不仅可分享各种各样的胎教经验和心得,还有丰富的胎教课程可以共享。

 ## 让新爸爸参与到胎教中

教育孩子不只是妈妈的责任,胎教也不例外。新爸爸们对胎教的贡献主要包括两个方面:首先,代替新妈妈在网络中分享经验和资源。由于电脑辐射会影响到胎儿的健康发育,因此我们并不提倡新妈妈长期接触电脑。新妈妈可以将自己的感受、心得或是疑惑告诉新爸爸,由新爸爸冲锋上阵,在网上活动。其次,新爸爸也是对宝宝进行胎教的主力。虽然宝宝孕育在妈妈的腹中,不过新爸爸不仅是新妈妈的亲密爱人,也和宝宝有着直接的血缘关系。当新爸爸抚摸或者轻拍新妈妈的肚皮时,腹中的宝宝也会进行"配合",所以新爸爸也要坚持做胎教。爸爸妈妈一起上阵效果当然会更好。每天上下班的时候新爸爸可以和宝宝打声招呼,说几句话。每晚睡觉前可以哼歌给宝宝听,当感觉到宝宝在动的时候,可以拍拍妈妈的肚皮。以上这些都是很好的胎教方式,通过这些方式不仅可以节省胎教费用,还能够让新妈妈省心省力,同时亦能增强亲子关系,何乐而不为呢?

幼儿园——只选对的，不选贵的

　　养孩子最花钱的地方不在象牙塔里，而在幼儿园中。在这个到处充满了资本牟利的社会中，天价始终在被超越着，价格只有更高，没有最高。

　　关于幼儿园入园难的问题，新闻媒体也常有报道，但是入园难、费用高依然是全国幼儿园的通病。

　　据人民网的调查，我国学前教育支出占 GDP（国内生产总值）的比例平均为 0.06%，这个水平远远低于其他国家。另外，我国的学前教育经费，占全国教育经费总额的 1.2% 至 1.3%，甚至有些省份的幼儿教育经费只占 1%。

　　在选择幼儿园的时候，我们明显发现，公立的幼儿园费用比民办幼儿园的费用低很多。因为，国家财政的幼儿教育投入，基本上用到了公立幼儿园之中。民办幼儿园由于没有财政扶持，办学成本较高，因此，向大家收取的入园费也较高。但是，并不是每个孩子都可以进入公立幼儿园的。某些公立幼儿园不会面向社会招生，而是主要招收政府和事业单位工作人员的子女,以及教育系统工作人员的子女。为此,也有不少人会花些钱,更改孩子的户口,通过这种捷径让孩子进入公立幼儿园。

另外,幼儿园不是无止境招生的。在人数上很多幼儿园是有明确的限制的。当报名的人数远远超出招生的人数时,幼儿园不得不采取"涨价"这种粗暴的方式,来逼退一些家庭经济条件有限的孩子。

幼儿园的天价,归根结底还是供应和需求的不平衡造成的。适龄的儿童很多,但是能够提供成本低廉的幼儿教育的场所却十分有限。这个问题如果要得到根本解决,需要依靠社会各界的力量。作为家长,我们现阶段能做的,就是如何在当前的环境中,选择最合适的幼儿园。在选择幼儿园方面,有几点建议可以供大家参考。

不凑"国际幼儿园"的热闹

在与公立幼儿园的竞争中,有不少民办幼儿园取得了明显的优势。它们以环境优越、设施一流、特色教育和人性化管理著称,有的甚至冠以了"国际幼儿园"的名号。它们接收不同地区、不同国籍的孩子,进行不同语言、不同风格的教育。为了让孩子接触到多元化的文化,家长们往往会考虑让孩子进入国际幼儿园。

国际幼儿园的条件优越，费用也明显高于其他幼儿园。所以选择这类幼儿园，需要量力而行。

以"托管"为主要目的，选择幼儿园

幼儿园不比中学，选择一所教育质量好的中学，能增加考上重点大学的几率。幼儿园也不是大学，考上一所好大学，能增加就业机会。幼儿园是针对学龄前儿童，以"保育"为主要方式，对孩子进行照顾和教育的场所。它能帮助家长解决在陪伴孩子的过程中所受到的时间和空间的限制。

"游戏"是幼儿园的主要活动。因此，我们送孩子进幼儿园，应该以"托管"为主要目的，不要指望孩子在幼儿园中能学习多少知识，学会多少技能，能掌握几门外语，只要能保障孩子安全，让孩子健康、快乐的幼儿园，都是可以选择的。

就近选择幼儿园

选择幼儿园的时候必须考虑距离的问题。就近选择幼儿园，不仅方便接送，当孩子出现突发状况时，也方便及时处理。

有些家长为了把孩子送进所谓的"名牌"幼儿园，宁愿舍近求远，不仅要承担高昂的学费，就连接送孩子的花费也剧增，真是得不偿失。

孩子减负，家庭减压

帮表姐接送牛牛上幼儿园的时候，街边有人递给我一份传单——"天才宝宝"计划。这是一份幼儿辅导课程的宣传单，包括幼儿英语、绘画、国学、声乐、舞蹈、计算机、课程辅导等。每项课程几乎都安排在周末，且每项课程的收费都不便宜，例如幼儿英语，分为大班、小班、精学班。大班为 45 人，每人每节课收费 60 元；小班为 20 人，每人每节课收费 110 元；精学班为一对一教学，每人每节课为 200 元。另外，国学的价格也比较高，每节课为 180 元；声乐课每节课的价格更是高达 300 元。

这份宣传单让我看得瞠目结舌，我不禁摸了下自己的钱包，原来"天才宝宝"都是用钱砸出来的。

后来，我把这份宣传单带给表姐，她看了一眼，然后得意地说："这我早就安排好了，我给牛牛报了英语、国学和计算机，每周末我都陪他去上课。"我这才知道，牛牛每周六要上一整天的英语课，早上是听力，下午是口语课，然后周日早上去学习国学,下午又得学习计算机。

牛牛才4岁,有时候母语都支支吾吾说不清楚,还得到培训班学习英语。虽说在孩子小的时候学习语言会容易一些,但也没必要花钱送去培训班吧。学习外语有很多种轻松愉快的方式,比如说看迪斯尼的动画片,教他唱英语儿歌,做些诸如"看图猜单词"等比较简单的游戏,这些方式的成本都是比较低的。

另外,国学确实是值得我们学习的东西,它是中华传统文化的精髓所在。现在很多人因为生活压力而变得浮躁,我们的传统文化并没有如期望中那样繁荣昌盛地发展下去。如今大家似乎又都意识到了国学的重要,所以,国学从娃娃抓起是值得提倡的,总不能让几千年的文明止于我们这一代吧。

不过,国学是很高深的一套文化体系,小孩子的认知能力和理解能力都有限,要怎么去吸收和学习,值得我们深思。例如前段时间,表姐就带着牛牛报名参加了《弟子规》的讲座,随后还购买了一套《弟子规》的图书,每天督促牛牛背诵。目前看来,《弟子规》在学前教育中是非常火的。"父母呼,应勿缓。父母命,行勿懒。父母教,须敬听。父母责,须顺承。"很多小孩子在父母的督促下,都能断断续续背诵这些句子了,可是其中的意思他们又能了解多少?

我们来算一笔账,每个月带孩子参加各式各样的培训班,希望孩子可以成为"天才宝宝",但是成效到底如何呢?我们每月花费 1000 到 2000 元培养孩子的各种特长，买各种书籍帮助他们学习。除了上班之外，其他时间都用来陪伴他们，和他们一起接受新的事物，一起学习。他们学习英语，我们也学习英语；他们学习计算机，我们也学习计算机；他们读《弟子规》，我们也读。然后，我们省吃俭用，把钱交给各个机构、各种老师，把钱投到书店、少年宫……我们付出这一切，结果可能是：孩子彻底失去了学习的兴趣，家庭负担变得越来越重，我们也彻底失去了自己的生活。

我们说教育是一种投资，如果高的投入，换来的回报不尽如人意，那么这样的投资就是失败的。商人不希望做亏本的买卖，父母也不要做盲目的教育投资。

童真是孩子最宝贵的财富，不能为了让他多学点东西，而把他变成学习的机器。为孩子减负，也是为家庭减压。我和老公已经规划好了，以后不会给我们的孩子报太多的培训班。要培养他的外语能力，我们可以花几百块钱，买些外语动画片的 DVD 给他，或者自己动手做些单词卡片，陪他玩记单词的游戏；至于国学，我们不会买《弟子规》让他背，给他讲些诸如凿壁偷光、孔融让梨的故事，可能比让他背几遍《弟子规》更有效果；我们也不会强迫他学习声乐、舞蹈、计算机等。孩子的兴趣要我们慢慢发现，他喜欢什么，我们再决定怎么去培养他。对于小孩子来说，学习的主动性是尤为重要的，浪费的钱还可以补救，被磨灭的主动性就很难再建了。

教育储蓄是妈妈的首选

存钱是中国人最为传统的理财方式。父母会经常这样嘱咐我们:"都当别人媳妇了,该存钱了"、"都是要当妈的人了,该存钱了"……

在老一辈人的眼中,结婚组建家庭需要存钱,生孩子扩展这个家庭更需要存钱。女人一旦上升为妻子、母亲,就要为整个家庭的经济状况做好长期的规划,能够把持一份或几份存款似乎是一位贤妻良母的重要标志。而我们这里所要说的却是更为广义上的存款,也就是接下来要与新妈妈们一起探讨的理财方式——储蓄。

我们经常与银行打交道,在自动柜员机前每天排着长龙,特别是工资到账的时候,总能准时地排在自动柜员机前等着取钱。我们的工资卡可能早已经习惯只出不进了。即便是有较多的余额,我们大多也不会将其存入银行作为固定资本。那些喜欢新鲜事物的年轻夫妻们,有闲钱时更愿意去尝试各种各样的风险性投资,发扬着"赔了随意,赚了更好"的精神。但是现在情况不同了，一个新的生命将要进入年轻夫妻们的生活，让那些多余的资金提供一份长期的、固定的、专属于这个小生命的储蓄就显得确有必要了。

现在有很多人并不看好将钱放进银行。CPI值（即消费者物价指数，可有效反应通胀水平）居高不下，如果利率一直低于 CPI 值，那么我们存入银行的金额虽然没有减少，但其在市场中的购买力却打了折扣了。例如一年前存 1000 元在银行，当时 1000 元可以购买 250 千克大米，而一年后，CPI 值飙升，再取出这笔钱，本金加利息一共 1020 元，但是却只能购买到 150 千克大米。这样一来，我们存入银行的资金明显贬值了。

这种想法是无可厚非的。2011 年 7 月 7 日央行年内第三次加息，将利率上调了 0.25 个百分点，存款利率增至 3.5%。这对于通胀起到了一定的弥补作用，看得出来央行在努力缩小利率与 CPI 之间的差距，以吸引社会成员把手中的闲散资金存入银行。对于一些家庭经济状况不是太好的新妈妈来说，可能并没有太多机会去进行风险投资，这时候，保障家庭财产的安全，并做到有备无患肯定是首要的。

其实储蓄也未必就是亏本的交易，只要存得精、用得巧，不仅不会造成资产贬值，还可以在孩子的成长过程中发挥巨大的作用，例如王女士的例子。

王女士与丈夫都是工薪阶层，两人每个月的收入总共

5000 元左右,结婚买房子花掉了大笔钱,如今每月还需要偿还房贷,经济压力比较大。现在王女士与丈夫计划要宝宝了,王女士已经存够了 30000 元作为生育费用,另计划凑够 30000 元作为孩子的幼儿园费用,而幼儿园之后就没有存款保障了。王女士希望继续存钱,以保障孩子今后的教育费用。有朋友介绍王女士炒股或者炒基金、外汇等,但是王女士都拒绝了,这些钱是她与丈夫省吃俭用节约出来的,绝对亏不起。考虑到家庭目前的经济状况,以及孩子出生之后将要剧增的开支,王女士决定老老实实地把钱放进银行存为定期,这样至少可以保本。在银行中,理财业务员向王女士推荐了教育储蓄。这也是近些年来比较火的储蓄理财项目,是专门针对孩子教育经费的储蓄。对于中等收入的家庭来说,孩子小学、中学、大学,乃至今后的继续深造,所需要的费用都是惊人的,如果有专门的储蓄项目可以保障孩子今后的教育费用,经济负担自然减轻不少。根据办理教育储蓄条件规定,只有小学四年级及四年级以上的学生才可以参与,人一生也只能享受三次教育储蓄,主要针对接受非义务教育子女的家庭。一般来讲,教育储蓄分为三个级别:6 年、3 年和 1 年。合理利用这三个级别,就可以分别为孩子读初中、高中和大学准备专门的教育经费了。

于是王女士做了长期储蓄计划:在准备怀孕的这 10 个月中,每个月攒下 1600 元,然后凑够 16000 元以整存整取的方式存入银行 5 年。按照现阶段的年利率计算,5 年之后可以获得本金加利息一共 20680 元。这时将其中的 20000 元(教育储蓄的上限为 20000 元)存为 6 年的教育储蓄。到期之后,孩子刚好小学四年级,这时可以通过户籍证明,以及国税局印制、学校开具的"三联单"证明来领取本金和利息,共计 23600元,作为孩子下一步教育所需的费用。等到孩子上高中的时候,再办理 3 年期的教育储蓄,本金 20000 元,3 年之后可获取本金和利息 21944 元。这样一来,孩子的大学教育费用也有了保障。

虽然说教育储蓄并不能让资本一次性猛增,但是教育储蓄采取零存整取的定期储蓄方式,并获得整存整取的存款利息,且即使今后几年利息有所变化,也不会受到影响。另外教育储蓄是免缴利息税的,它相当于帮助妈妈们为孩子定期储存教育经费,并在保值的基础上,让本金有小幅增长。对于经济不怎么宽裕的家庭来说,教育储蓄是很好的理财方式。

用教育保险金为孩子保驾护航

我们在此单独讨论教育保险金，是因为它与其他险种有所差别。教育保险金属于储蓄性的险种，以存钱为主，赢利功能相对较弱。

虽然教育保险是种储蓄性的险种，不过它与教育储蓄有明显的不同。教育储蓄是用于教育目的的专项资金，是需要通过有关证明在银行进行开户和存取的，而且教育储蓄是零风险的。而教育保险金是保险公司销售的一种针对少儿的保险产品，它不仅具有保障功能、储蓄功能，还具有一定的赢利功能，而且教育保险金是需要担负一定风险的。

需要注意的是，教育保险金的风险主要来源于资金的流动性。相比其他险种，它需要支付的保费略高一些。资金一旦投入，就必须按照合同约定的周期向保险公司支付保费。它属于一项长期投资，所以，建议大家在购买教育险的时候，同时购买豁免保费附加险。这样一来，当父母无力继续支付保费的时候，该险种对孩子的保障功能也能继续发挥作用。

目前保险公司所提供的教育保险金主要针对 0 岁到 17 岁的孩子,有的保险公司的教育险则针对出生 30 天到 14 岁的少年儿童。为了保证教育保险金能够持续地、正常地发挥作用,建议大家在购买之前,根据自己的实际情况做好保费预算。一般情况下,每年的保费控制在年总收入的 10% 至 20% 之间,这样一般不会影响正常的生活支出水平。

例如,我预算的年保费为 15000 元。于是,根据保险公司从业人员的投资方案,我首先为孩子从 0 岁开始购买了 10 份"宝贝少儿教育年金保险"。这是一份分红型的保险,每年缴费 10000 元,共缴 10 年,合计 100000 元。

当孩子年满 18、19、20、21 周岁的保单周年日时,连续 4 年每年都可领取大学教育金 6486 元。在孩子年满 25 周岁的保单周年日时,可领取成家立业金 32430 元。同时,自 18 周岁的保单周年日起至 25 周岁的保单周年日前一日止,每月到达合同生效日,在该月对应日还可以领取生活费津贴 972.9 元。

为了保障孩子在中学时期的教育费用,我又购买了一份"附加少儿高中教育年金保险"。基本保险金额为 5 万元,交至 15 岁,年缴保险费 2115 元。这也是一份分红型的保险,其利润包括两部分:首先,在 15、16、17 岁的保单周年日,每年可领取 10000 元高中教育保险金;其次,在 17 岁的保单周年日,可领取 5000 元学业有成祝贺金,同时,附加险合同终止。这样一来,每年的保费并没有超过预算,且孩子今后的高中和大学教育得到了较好的保障。

176

第六章 高 FQ 从摇篮开始

　　新妈妈的金宝宝应该是一个"三商"宝宝——智商、情商、财商，一个都不能少。财商教育从娃娃抓起，启蒙教育不落人后，让孩子有板有眼知财富，循序渐进识金钱，有条不紊对钱物，人小鬼大早当家，奔向一个更美好的明天。

培养一个"三商"宝宝

《饭没了秀》一直是我们家周末的保留节目。那些小不点儿真是太可爱了，每次看到他们，我就希望自己的宝宝也可以那么聪明、可爱，等他到三四岁的时候也去参加节目。

我相信每个妈妈都有这样的期盼：希望自己的孩子聪明、漂亮，讨人喜欢。要是谁夸奖一句"你家的孩子多聪明啊"，妈妈肯定乐透了心。

望子成龙、望女成凤永远是父母不断追求的目标，谁都希望自己的孩子能脱颖而出，成为人中龙凤。

为了实现这个目标，妈妈们可谓是煞费苦心。从宝宝还在妈妈肚子里的时候，我们就开始对其进行胎教，以开发宝宝的智商。按照现在的生活状况来说，正常情况下，宝宝的智力水平相差并不大。于是，我们又开始进一步开发宝宝的情商，它是与智商相对应的一个概念。情商包括宝宝对自己以及这个世界的认知水平，宝宝的情感与情绪、控制情绪的能力，宝宝的人际关系等。越来越多的父母意识到情商在宝宝成长过程中的重要性,因此,不断地提升宝宝的智商与情商成为教育的首要任务。

如今,我们提倡要培养一个"三商"宝宝,这第三"商"即是"财商",英文翻译为 Financial Quotient(简称 FQ)。财商其实就是金融智商,简单地说,就是衡量一个人怎么积累财富,怎么支配财富,以及怎么管理财富的商数。

国外家庭对孩子的财商教育比较早,但是在我国,从新中国成立到 20 世纪末,无论是学校、家庭还是社会,几乎没有针对孩子的财商教育。出现这个状况也不难理解。我们受到几千年儒家思想的影响,人们往往会认为"财富"是一个很避讳的话题,特别是对于孩子,最好回避这个话题。

也就是这种思想,导致我们的孩子在财商水平上,往往要低于国外孩子的水平。因此,从现在开始,我们应该重视对孩子的财商教育。

不过,对孩子进行财商教育得掌握方法,不要刚开始就拿什么"投资宝典"、"理财大师"之类的书来教他。要知道孩子的认识水平有限,对于什么是财产,怎么管理财产,他都是全然不知的。所以,对孩子的财商教育应该从零开始。

 了解财商教育的定义

财商教育是什么?就是教育孩子怎么存钱?如果你是这

样理解的,那么,你可能需要多学习一些相关知识了。财商教育不只是教孩子存钱,因为,我们是希望通过教育,让我们的孩子能更好地适应生活,而不是通过教育,把他们变成守财奴、小财迷。

财商教育首先是指孩子对财产的态度。他是否知道什么是财产,哪些财产是属于他的,哪些财产是别人的,对财产应该抱有何种心态。这些都是父母应该教给他们的。而要帮助孩子树立健康的财产观念,就需要父母言传身教了。

制订一个粗略的教育方案

对孩子进行财商教育,需要一个简单的方案,因为,根据孩子的成长环境和年龄的不同,对财商的教育有不同的内容和侧重点。

例如,一个 3 岁的孩子,我们应该让他认识人民币是什么样子的,怎么区分人民币。而对于一个 4 岁的孩子,他就应该知道买东西是怎么一回事,卖东西又是怎么一回事。而到了五六岁的时候,孩子的社交圈逐渐扩大,同时,花销也逐渐增多。这个时候,父母需要让孩子明白,他每一笔花销是怎么产生的,并要孩子清楚,钱是来之不易的,节约是一种美德。这个时间段的教育是比较重要的,它可能影响到孩子对金钱的观念。从 7 岁开始,父母可以试着给孩子零花钱,让他学会自己支配。从 12 岁开始，可以考虑为孩子开立银行账户，让他拥有真正意义上属于他自己的财产。

除了年龄之外，孩子生存的环境，也可能影响我们对孩子的财商教育。

例如，生在一个较贫困家庭的孩子，对他进行的财商教育，应该侧重于怎么创造财富这一方面上；而对于一个生活环境非常优越的孩子来说，应该让他学会珍惜财富，节约金钱，让他明白他看到的财富到底属于谁，同时，培养他独立自主的能力。

最后，需要提醒大家的是，财商是建立在智商和情商水平之上的。在对孩子进行财商教育的时候，千万不要脱离对智商的启发和对孩子的情商教育，否则可能会让孩子走向另一个极端。要让孩子明白，人这一生，最宝贵的财产，是自己的人格。

谈钱，未必可耻

宝宝会走路的时候，我们带他去了同事小张家。小张的孩子也刚学会走路，只比我们孩子小半岁。现在的孩子都是独生子女，没什么兄弟姐妹，所以我们制造机会让宝宝多接触他的同辈群体，多些如同兄弟姐妹般的朋友。

记得听母亲讲过，我还很小的时候，他们拿各种东西测试我，例如铅笔、帽子、人民币、螺丝刀等，当时我在一堆东西中选择了铅笔，于是大人们都很满意，说我是个爱学习的人，将来肯定有学问。小张提议说要用同样的方式测试我们的孩子。于是，我们在桌上陈列着书本、手机、人民币、发票、胸针等东西，让宝贝们自己随便拿一件。宝宝跌跌撞撞地走过去，抓住一沓发票不放，我们笑话说，这孩子是个做官的料，得好好培养；而小张的孩子却选了人民币。小张有些不高兴了，从孩子手中夺过钱扔到一边，然后冲着孩子发火。我劝小张说，这是何必呢？孩子有什么地方不对吗？

小张说，害怕孩子太看重钱，钱不是什么好东西，拜金是可耻的,不能让自己的孩子变成一个见钱眼开的人,要从小教育,让孩子有"视钱财如粪土"的情操。

我就特别不能理解了,向钱看怎么就可耻了呢?我们日常生活中的吃穿住行哪一样离得开钱? 生老病死又有哪一样和钱脱得了关系?钱虽然不是万能的,但是它的存在确实为我们解决了很多问题,它的存在也让更多人的奋斗有了动力。"视钱财如粪土"的思想,现在看来显然是不符合逻辑的。

金钱可能让一个人变得贪婪,但它的价值仍然是不可忽视的。凡事都是两面性,我们应该客观地看待。特别是我们的孩子,还处于认知、价值观逐步形成的阶段,一些偏激的、主观的判断,可能影响到孩子的世界观和价值观。我们必须让孩子认识到:钱是宝贵的,是我们生活中不可或缺的。只有让他们正面地、客观地、全面地认识了金钱,才能更好地克服贪婪。

我家宝宝两岁的时候,对什么都很感兴趣。正好趁着他浓厚的兴趣,我开始教孩子认识金钱。这是个循序渐进的过程,我分了四个步骤实现。

第一步:认识人民币的图像

与文字相比,有形状有色彩的图像更容易让孩子记住。

我首先准备了各种币值的人民币：1角、5角、1元、5元、10元、20元、50元和100元，然后从小到大依次拿给宝宝。"这是1角，你看看它比你的手掌长一点，棕色的，上面还有两个叔叔的头像，它可以换一颗水果糖"、"这是100元，它最大，是粉红色的，上面有毛主席的头像，它可以换两大盒水果糖"。用这样的方式教宝宝几遍，他很快就能区分各种币值的纸币了。同时，他还很好奇地问了我纸币上那些头像的来历，于是，关于高山族、毛主席的一些知识，我也顺便给他普及了。

 第二步：等价交换纸币

现在，宝宝已经知道了不同币值的人民币的外形特征，当我说"1角"，他能很快在一堆钱币中找到1角；当我说"50元"，他也能快速找到50元。接下来，我开始教宝宝认识不同币值之间的关系。

首先，我拿出一张5角给宝宝，然后自己又拿出5张1角。我把手中的5张1角给宝宝，同时拿回他手中的那张5角。我告诉宝宝，这是相等的，是可以交换的，我们手中的钱是一样多的。

用这样的方式，我教他用10元交换50元，用50元交换100元，让他对币值的关系有了初步的、形象的认识。这样反复训练了好些天,宝宝也能准确地等价交换纸币了。

第三步:做"买东西"的游戏

我和宝宝约定,和他做"买东西"的游戏。我现在是商店的老板,我手里有他喜欢的玩具和糖果,但是这些不能直接给他,要他用手中的钱来换(事先我把一些纸币交给了宝宝)。我问宝宝想要什么,他选中一件玩具,我告诉他,这件玩具需要用5角钱来换。所以,当我把玩具交给宝宝,宝宝必须交给我5角钱。然后我告诉宝宝,这叫"买东西",我们必须拿"这张纸"去交换我们想要的东西。

第四步:认识到钱的重要性

每次带宝宝出去买菜、逛街,我都会让他看好:我把钱叠得整整齐齐,然后放在钱夹里。我告诉他,钱很重要,上街一定要记得带钱,要不然我们就不能买东西,而且要把钱保护好,不能弄丢了。渐渐地让宝宝认识到金钱的价值,喜欢上钱,知道它的重要性,并能够好好地保护它。

在教宝宝认识钱、爱惜钱的过程中,老公认为,人民币就是货币的符号,没有实际的价值,我们应该如实告诉宝宝。我坚决反对。对于宝宝的年龄来说,有关纸币与货币区别的知识，已经超过了他的认知水平。如果我现在就告诉他这些，可能混淆他对人民币刚刚建立起来的认识。更复杂的知识随着他的成长，再慢慢告诉他。

财商教育从"抠门"开始

古时候有个财主，他已经十分有钱了，但是他还不知道满足。每次去附近的庙宇烧香，他都会悄悄地把庙堂门上的金粉一点一点抠回去，于是有了"抠门"的说法。在现代社会中，抠门还有另一种说法：一个人在远行之前，把自己的房子卖给了别人，但是他老觉得不划算，离开的时候，把能带走的东西都带走了，甚至把门也拆了下来自己带着。

由此看来，抠门是对某些爱财如命的人的讽刺，也是对"吝啬"的另一种诠释。抠门的人往往很难受到大家的尊重和欢迎，那我们为什么还要教育孩子做个"抠门"的人呢？

在这里我们所说的"抠门"是相对的。众所周知，现在的孩子从刚出生开始，就集万千宠爱于一身。无论是爸爸妈妈，还是爷爷奶奶，都恨不得倾囊而出地为孩子奉献。无形之中，很容易让孩子养成大手大脚、铺张浪费的坏习惯。在这种情况下，我们有必要对他进行教育，让他明白节约的重要性。

当宝宝的玩具旧了之后，妈妈不给买新的，宝宝可能会觉得妈妈抠门；当宝宝吃饭的时候，撒了一桌子的饭粒，妈妈也许会批评他，这样一来，宝宝可能也会觉得妈妈抠门；当邻居小朋友有漂亮文具时，妈妈不给宝宝买，可能也会被认为是抠门……那么，这样的"抠门"就是必须的，它等同于节俭。节俭是我们祖宗传扬下来的美德，生财容易，守财难，对孩子进行节俭教育，是对家庭负责，对孩子的未来负责。小到一张纸、一支笔，大到一辆电动玩具车，都要让孩子自觉树立节俭的意识。

珍惜劳动成果

让宝宝学会节俭的第一课，就是让他珍惜父母的劳动成果。

我们家宝宝有段时间老是浪费粮食。每天为他准备的饭菜都不认真吃完，过了一会儿饿了，又嚷嚷要吃东西。这件事让我很头痛。有一天加班回来，我看见宝宝还没有睡着，问他怎么了。宝宝说一天没有看见妈妈，想妈妈了，然后宝宝问我，为什么每天都要出去。于是我告诉宝宝说："妈妈、爸爸都要上班。我们必须每天早上就出门，给别的叔叔、阿姨干活，有很多活要做，做完之后才可以回家，宝宝才有饭吃，有玩具玩。如果不去做，宝宝就什么也没有了。最近宝宝老是把饭倒掉，所以，妈妈就有更多的活要做了，就只能很晚才回家了。"

听我向他解释工作挣钱的事，宝宝似懂非懂，不过从第二天开始，他吃饭特别认真，很少出现剩饭的情况。

有一天，和宝宝路过商场，看见一辆儿童电动车，我看得出来他很喜欢。我问宝宝想不想要，宝宝立刻拉着我走开，然后对我说："我不要。要了妈妈又有很多活要做，又要很晚才能回来。"我顿时感觉很欣慰，我想我的这招已经起效了。

 帮助孩子克制购买欲

要做到这一点，首先作为妈妈的我们，就必须树立一个良好的榜样。女人和小孩对于新鲜事物都充满了欲望，很容易受到诱惑。所以，妈妈们必须从自己做起，严格控制自己的购买欲。

另外，不能让孩子养成喜欢什么就要什么的习惯。孩子的欲望就像滚雪球，如果第一次满足了他的小要求，那么，第二次他提出一个稍微高些的要求，如果不能被满足，他就可能不高兴。这样一来，对孩子的管理就很容易失控。

如果你的孩子已经有了这样的习惯，也不要惊慌，你可以尝试以下方式慢慢改变他。当他提出一个要求的时候，不要完全否定。这样可能与孩子出现对立，不利于今后亲子关系的培养。你可以采取迂回的方式，将他提出的要求降低一个层次。例如，孩子要买一个 100 元的变形金刚，你就和他商量,给他一个诸如"妈妈的钱没有带够"之类的理由,然后买一个 50 元的变形金刚给他。这样一来,他虽然不太高兴,但是还能接受。

每当他提出一个较大的要求,你就以较小的标准回应他;当他第二次再提出的时候,你以更小的标准回复他。当他发现,他每次提出的要求都被无限缩小,但是又没完全被拒绝的时候,他就会逐渐失去提要求的激情了。

要孩子学会慷慨

在教育孩子节俭的时候,我们不要忽略对孩子的爱心、同情心的培养,不能让他变成一个守财奴,也不能让他成为一个为富不仁的人。

天气转冷的时候,有一天我带宝宝去市场买菜。走着走着,宝宝就停住了脚步,他看着一个卖板栗的小女孩,然后扯了扯我的衣袖:"妈妈,你看那个小姐姐。"

那孩子就比宝宝大几岁,这么冷的天,还穿着凉鞋,全身蜷缩在一起,蹲在角落里卖板栗。我走过去,买了些板栗,然后告诉宝宝:"你看小姐姐多可怜啊,没有厚衣服穿,所以我们要向她买点板栗,这样她就可以早点回家,不用挨冻了。"

这件事可能对宝宝的影响比较大,他几乎每天都要我带他去买小姐姐的板栗。于是我告诉宝宝:"像小姐姐一样的小朋友还有很多，他们没有衣服穿，没有书包，也没有玩具。你愿不愿意把你的东西拿出来分给他们呢？"然后，宝宝立刻拿出一大堆玩具，望着我说："这些都给他们玩，好不好？"

随后几天，我整理了一些孩子的衣服和用品，在百度上搜索到了一个就近的贫困山区捐赠地址，连同自己的一些旧衣服，都寄了过去。

我告诉宝宝："那边小朋友已经收到他的玩具了，他们玩得非常开心。以后你的玩具旧了，不要随便扔掉，衣服小了，也可以存放起来，还有很多小朋友可以用。"

孩子，这世上只有富一代

宝宝上幼儿园之后，每天都有很多新鲜事与我分享。从他每天的描述中，我知道幼儿园有个叫"小郎"的小朋友和他关系最好；外号"杯子"的小男孩最喜欢欺负其他小朋友；叫"唐东东"的小朋友家里最有钱。

唐东东的新衣服最多，唐东东最近去香港迪斯尼了，唐东东有限量版的游戏机，唐东东每天坐林肯车上学……

"唐东东"小朋友一度成为了我们家的热点话题。眼看宝宝都快把东东当偶像了，我想我必须采取措施，对他进行一次关于"富一代"的教育了。

一天，我下班去接宝宝回家，刚好遇上东东的爸爸开着林肯车来接孩子。宝宝望着东东，眼神里充满了向往。

回到家后，我问宝宝："你想像东东那样吗？"宝宝使劲点点头。我说："妈妈告诉你一个秘密，你不要告诉别人。其实，那些东西都不是东东的。"

听我这样说，宝宝表示很怀疑。我故作神秘地说："那些东西都是唐叔叔的，是东东向唐叔叔借的。漂亮衣服、游戏机、林肯车都不是他的，是他向唐叔叔借的。唐叔叔是个很有钱的人，东东是他的孩子，所以他答应暂时把这些东西借给东东。东东知道这些东西不是他的，是他爸爸的，所以，他也不好意思告诉你们。"

我继续对宝宝说："比如小郎有个很漂亮的书包，他现在借给你了，你能说这是你自己的吗？你好意思每天都背着别人的书包上学吗？你现在拥有的东西，包括你住的小房间，都是爸爸妈妈借给你的。因为爸爸妈妈爱你，才愿意借给你。其他小朋友，我们才不愿意借呢！东东用的东西总是比宝宝的好，不是因为东东比宝宝乖，比宝宝聪明，而是因为唐叔叔很有钱。那么现在，你还想像东东那样吗？"

宝宝立刻站起身来，激动地说："不，我不要当东东。我才不要把借来的东西当自己的呢。我要像唐叔叔那样，可以借给别人很多很好的东西。"

在这个问题上，我们作为家长，必须有个清楚的认识。目前，大家所说的"富二代"其实是不存在的。一个人的血统可以传递，DNA可以遗传，但是一个人的财富、荣耀和地位是没办法遗传的。很多时候，"富二代"就是一种拿来主义。自己没有，或者不足以拥有那么多，于是，就向自己的父辈索要，拿到手就当自己的，实则不然。

我们要让孩子认识到一个非常重要的问题："父母拥有

的，不等于是他自己的"。很多人觉得努力奋斗就是为了孩子，自己拥有的所有东西都是孩子的。在竞争如此激烈的当下，如果还抱着这样的思想，只会害了孩子。

"授之以鱼，不如授之以渔。"只有认识到这一点，我们才能更理性地去爱孩子。孩子也才能对财富有更理性的认识。

正如宝宝，他现在不再羡慕东东了。因为他终于明白，东东拥有的一切都是唐叔叔的，并不是东东自己的。宝宝常说，要像唐叔叔一样，做个富有的人。我告诉宝宝："一个人想富有并不是那么容易的。就拿唐叔叔来说吧，他很小的时候就是一个听话的好孩子，上学从不迟到，也从来不拖欠作业。他还喜欢读书，喜欢动脑筋想问题。如果宝宝从现在开始向唐叔叔学习，将来就能像他一样富有了。"

人小鬼大早当家

记得小的时候，我最喜欢帮父母买东西。比如做饭的时候，突然没有盐了，我就帮母亲买一袋盐，母亲交给我一角钱。后来，我觉得一角钱太少，于是每次买东西的时候，我都会跟老板讲价，让他便宜点卖给我。这样，我就可以把省下来的钱"私吞"了。

这点小聪明母亲一直都没有察觉，因此我"赚"到的钱越来越多。在我6岁过生日的时候，母亲送给我一个存钱罐，我把钱全换成了硬币放了进去。没事的时候，我就会数一数自己积攒了多少私房钱。

在我刚开始念小学的时候，结交了很多新朋友，渐渐地跟着别人学会了用钱买零食吃。那时候的我，最喜欢吃酒心巧克力糖。一元钱一盒，一盒里有十颗。起初，我拿存钱罐里一元的硬币买糖吃，有时候也会大方地分给其他小朋友吃。接着，存钱罐里一元的硬币都用完了，我就拿五角的去买，后来是一角。到最后，我每次都拿10个一分的硬币去换一颗酒心巧克力糖。存钱罐里的钱逐渐减少，最后只剩下几个一分的硬币。

母亲发现这件事之后非常生气，她专门请了一天假，在家里教育我。母亲一面批评我，一面告诉我很多存钱的好处，也是从那天开始，母亲开始给我零花钱。

这段童年记忆很深刻，因为我很清楚地感受到钱从无到有、再从有到无的整个过程。对于一个孩子来说，存钱可能是新鲜的，我们应该培养他管理钱的能力。如何去分配交给他的钱，这是个大问题。

我们宝宝也喜欢帮父母买东西——这几乎是每个孩子都乐意的事。每次给他点辛苦费，我都帮他存在零钱罐里，并且给他一个小本子，记录他存的每一笔钱的明细。我有时候逗他说："你得努力'赚钱'啊，你买零食、买玩具、上学，甚至娶老婆的钱都靠它了。"宝宝每次都听得很认真，然后更加努力地"赚钱"。

有一次，我带他和朋友聚餐，他看到有个捡瓶子的奶奶，问我为什么奶奶要把瓶子捡走。我说，奶奶要用它去换钱啊。后来，宝宝居然也开始收集瓶子了。每次喝过饮料，他都会把瓶子收集在一起，然后放到他床下。打扫房间的时候，我在他床下发现很多瓶子。我拖着这些瓶子，卖给了楼下的废品回收中心，然后，把换来的钱交给宝宝，并告诉他这是那些瓶子换来的。

每次买菜的时候，宝宝都会问我："妈妈，我们今天买什么？可不可以买这个？可不可以买那个？"于是，我决定试着让他管理一次我们家的日常开销。我对宝宝说："今天我们只有100元钱，现在妈妈把它放在你的背包里面。今天我们要买什么就由你做主了，但是你千万不要让爸爸妈妈饿肚子。"

　　真的把钱交给宝宝了，他反倒不敢花了。我带他来到菜市场，他只是看，什么都不买。然后我告诉他，不要怕，你觉得可以买什么就告诉我。尽管我这样说，宝宝依然不敢下手。最后，费了好大的劲，在我的启发下，他终于试着买了一回菜。

　　自主分配金钱的能力很重要，特别是男孩子，不能只会赚钱不会花钱。在孩子四五岁的时候，我们应该主动鼓励他花钱。只有他自己去实践，他才知道该怎么花钱。

　　后来，我经常带宝宝去买菜，并且把钱交给他，让他装着，让他自己作决定我们可以买些什么。从这样的训教中，我发现，宝宝开始有模有样地扮演"一家之主"了。以前他还嚷嚷买零食、买玩具，现在居然再也没有那样的要求了。

　　等到宝宝六七岁的时候，我准备开始给他零花钱，让他自己管理，自己支配；并且给他开了个账户，让他在经济上成为一个"独立"的人。

君子爱财，取之有道

　　刚出生的孩子就是一张白纸，他将成为什么样的人，取决于做父母的我们，在这张白纸上完成什么样的作品。因此，启蒙教育是尤为重要的，特别是在"财商"方面的启蒙教育。

　　最近，我们小区里的包女士很头痛，因为她的孩子前几天又闹跳楼了。

　　大家可能有些诧异吧？一个6岁的孩子怎么会"又闹跳楼"呢？可别小看他，人虽不大，倔脾气可不小，在我们小区已经很出名了。他要是看上什么东西，一定要找父母要钱去买。如果父母不给他钱，他就开始发脾气。起初只是哭闹，大人为了阻止他哭闹，就马上满足了他的要求；后来慢慢发展为在地上打滚，摔东西；现在更是想到用跳楼的方式来威胁父母了。包女士看到事情到了无法收拾的地步了，才知道溺爱孩子的不对。

　　我的孩子从来不会向我和老公提过分的要求。如果他想要钱去买一件东西，你只要告诉他，这样做不好，那件东西没有必要买,他自己就会仔细考虑,然后放弃买东西的念头。

一方面,我们要教孩子爱钱;另一方面,也要严格控制他们对金钱的欲望,规范他们获取金钱的方式。孔子曰:"富与贵,是人之所欲也,不以其道得之,不处也。"也就是说,金钱和地位是人人都向往的,但是用不道德、不仁义的方式获取,是君子不能够接受的。

对于我们的子女,我们要让他们从小就明白"君子爱财,取之有道"的道理。如果在他们小的时候,没有及时纠正他们获取金钱的不良方式,随着年龄的增长,偷盗甚至抢劫这些行为都可能出现。以后进入到社会中,挪用公款、行贿受贿的可能性也是有的。所以,对于孩子的财商教育,我们要以小见大,不忽略任何一个细节。那么,如何培养孩子的取财之道,下面有些经验可供分享。

让孩子了解钱从什么地方来

只有让孩子了解钱从什么地方来,才能让他们更好地明白,通过什么样的方式才能够获得金钱。

表姐一家很宠爱侄儿牛牛,小小年纪他就练出一副泼辣刚烈的劲头,看见什么新鲜东西都想据为己有。一家的大人又总是有求必应,妈妈不买爸爸买,爸爸不买还有爷爷奶奶。放假的时候,我做主接牛牛过来玩几天,顺便磨磨他的性子。

牛牛喜欢逛商场里的玩具专柜，一看见有喜欢的，就怎么劝也不撒手。顺着他便再也止不住他的购买欲望，不依他更会引发一起围观事件。我和牛牛逛商场时遇到了相同的情况，他执意购买一款与家里有的差不多的玩具，于是，我决定换一种思维和他沟通。讲道理听不进去，那就和他讲策略。

孩子对于形象的事物理解能力要好一些，我们告诉他们一些太抽象的道理，一时半会儿他们也很难理解。于是，我带牛牛去菜市场观察那些卖菜的叔叔阿姨。他们每天早出晚归，整天就站在菜摊旁，为别人称菜、装菜。辛勤劳动一天，才能换回几十元钱。几十元钱是什么概念呢？就是牛牛吃的一盒巧克力的价格。也就是说，叔叔阿姨们忙活一天，只能换来牛牛的一盒小零食。叔叔阿姨们要连续工作很多天，才可以换回牛牛的一件玩具。其实，每个叔叔阿姨都是这样工作的，包括我，也包括牛牛的爸爸妈妈。虽然我们不是在市场中卖菜，但是我们也早出晚归，去固定的场所辛勤劳动。上班是很辛苦的，只有每天坚持去上班，才能换钱回来。钱不是一直都有的，更不是始终用不完的。如果不去工作，就不会有钱花，就不会有吃的、穿的、玩的。所以，每个小朋友都要明白钱的来历，它是大家用劳动换来的，我们应该珍惜和节约它。

培养孩子"赚钱"的能力

　　对于五六岁的孩子,要说真正意义上的"赚钱"肯定是不可能的,但是,培养孩子赚钱的能力,也需要从小做起。

　　学龄期的孩子,适应能力很强,模仿能力也很强。这时候,我们不妨给他们简单地讲一些金融知识。比如,宝宝对爸爸炒股这件事比较感兴趣,就可以借此机会告诉宝宝一些关于股票的知识。当听到新闻联播说"金融危机"这个词的时候,也可以告诉他,什么叫做"金融危机"。我每天去公司上班,宝宝不知道"公司"是什么,我也会给他讲一些有关"公司"的知识。

　　我听朋友讲过他认识的一个孩子,刚6岁就开"公司"了。原来,这个小男孩经常帮爸爸妈妈买东西,每次帮忙"跑腿",都能够获得一两元的"跑腿费"。后来这个孩子发现,小区里很多同龄的孩子都有"跑腿"的经历,于是,他们凑在一起,成立了一个"打酱油"服务公司,专门帮大人们跑腿买东西,并规定每次收取一定的酬劳。然后他每个星期给公司里的"员工"发薪水。

　　小小年纪,就有这样的觉悟,真不简单。

　　宝宝和我一起上街购物的机会比较多,对于"买"和"卖",早已耳濡目染了。有一天,宝宝突然拿了一幅画给我看。他说:"妈妈,你看我画得好不好?"为了鼓励他,我说: "好。"他又问:"那你喜不喜欢啊?"我说:"当然喜欢啊。"然后 宝宝将这幅画塞进我手里,然后对我说:"那好,我现在把它 卖给你,你需要给我一元钱。"

这件事让我又惊又喜,宝宝也会做买卖了!从生产到销 售,这一整套,他居然都会了。后来,宝宝还把自己做的小飞 机卖给了爸爸,把手工课做的烟灰缸卖给了爷爷……

孩子的创造力和想象力是无穷尽的,不要以为自己的孩 子只要会读书就好。我们这些年轻父母,很多都是在结婚生 子之后才恶补理财知识的。而理财的知识要从小就传授给孩 子,财商教育从娃娃抓起,绝不是一句空话。只要我们用心去 启发他们,就会看到明显的,甚至是惊人的成效。

让孩子健康茁壮成长是每对父母的责任,一旦选择,终 身负责。但愿新妈妈能成为一个理财达人,给孩子一个更美 好的明天。

图书在版编目（CIP）数据

新妈妈省钱养出金宝宝/李小宝著. —杭州：浙江
少年儿童出版社，2012.8
（小蓝狮子·少儿财经）
ISBN 978-7-5342-6959-2

Ⅰ.①新… Ⅱ.①李… Ⅲ.①家庭管理-财务管
理-基本知识 Ⅳ.①TS976.15

中国版本图书馆 CIP 数据核字（2012）第 087991 号

策　　划　蓝狮子财经出版中心
责任编辑　金晓蕾
封面设计　赵　琳　徐田宝
版式设计　奇文云海
责任校对　苏足其
责任印制　阙　云

小蓝狮子·少儿财经

新妈妈省钱养出金宝宝

李小宝 著

浙江少年儿童出版社出版发行
（杭州市天目山路 40 号）

浙江新华印刷技术有限公司印刷　　全国各地新华书店经销
开本 880×1230　1/32　印张 6.75　字数 118000　印数 1—10000
2012 年 8 月第 1 版　　2012 年 8 月第 1 次印刷

ISBN 978-7-5342-6959-2　　　　定价：20.00 元

（如有印装质量问题，影响阅读，请与购买书店联系调换）